Amit Dodiya

Breve avaliação polimórfica do Deferasirox

Amit Dodiya

Breve avaliação polimórfica do Deferasirox

ScienciaScripts

Imprint
Any brand names and product names mentioned in this book are subject to trademark, brand or patent protection and are trademarks or registered trademarks of their respective holders. The use of brand names, product names, common names, trade names, product descriptions etc. even without a particular marking in this work is in no way to be construed to mean that such names may be regarded as unrestricted in respect of trademark and brand protection legislation and could thus be used by anyone.

Cover image: www.ingimage.com

This book is a translation from the original published under ISBN 978-620-2-05566-6.

Publisher:
Sciencia Scripts
is a trademark of
Dodo Books Indian Ocean Ltd. and OmniScriptum S.R.L publishing group

120 High Road, East Finchley, London, N2 9ED, United Kingdom
Str. Armeneasca 28/1, office 1, Chisinau MD-2012, Republic of Moldova, Europe
Printed at: see last page
ISBN: 978-620-7-93209-2

Índice:

"Breve avaliação polimórfica do Deferasirox"
Dr. Amit Dodiya

PREFÁCIO

Existem vários sólidos farmacêuticos que podem existir em diferentes formas físicas. O polimorfismo é frequentemente caracterizado como a capacidade de uma substância medicamentosa existir como duas ou mais fases cristalinas que têm diferentes disposições e/ou conformações das moléculas na rede cristalina. Os sólidos amorfos consistem em arranjos desordenados de moléculas e não possuem uma estrutura cristalina distinguível. Solvatos são formas cristalinas que contêm quantidades estequiométricas ou não estequiométricas de um solvente. Se o solvente incorporado for água, os solvatos são também vulgarmente conhecidos como hidratos. Os polimorfos de um sólido farmacêutico podem ter diferentes propriedades físicas e químicas (reatividade) no estado sólido. A forma polimórfica mais estável de uma substância medicamentosa é frequentemente utilizada numa formulação porque tem o menor potencial de conversão de uma forma polimórfica para outra. Por outro lado, as formas metaestáveis (uma forma diferente da forma mais estável) e mesmo amorfas podem ser escolhidas para aumentar a biodisponibilidade do medicamento.

O Deferasirox é um quelante de ferro ativo por via oral, indicado no tratamento da sobrecarga de ferro nas anemias dependentes de transfusão, em particular na talassemia major, na talassemia intermédia e na doença falciforme, para reduzir a morbilidade e a mortalidade relacionadas com o ferro. O Deferasirox pode também ser utilizado no tratamento da hemocromatose. Em geral, a preparação do Deferasirox é conhecida na arte. No entanto, sabe-se também que diferentes formas cristalinas do mesmo fármaco podem ter diferenças substanciais em certas propriedades farmaceuticamente importantes. Existe uma necessidade contínua de novas formas sólidas de Deferasirox e de novos métodos de preparação.

Assim, o objetivo do presente livro é fornecer um resumo sucinto dos polimorfos disponíveis do Deferasirox e dos seus métodos de preparação e muitos mais. O autor tentou resumir todos os pormenores polimórficos disponíveis na literatura de patentes e revistas.

AVISO AO LEITOR

A editora tomou as devidas precauções na preparação deste livro, mas não dá qualquer garantia expressa ou implícita de qualquer tipo e não assume qualquer responsabilidade por quaisquer erros ou omissões. Não se assume qualquer responsabilidade por danos acidentais ou consequenciais relacionados com ou resultantes das informações contidas neste livro. A editora não se responsabiliza por quaisquer danos especiais, consequentes ou exemplares resultantes, no todo ou em parte, da utilização ou da confiança do leitor neste material. Quaisquer partes deste livro baseadas em relatórios governamentais são indicadas como tal e os direitos de autor são reivindicados para essas partes na medida aplicável a compilações de tais trabalhos.

Deve procurar-se uma verificação independente de quaisquer dados, conselhos ou recomendações contidos neste livro. Além disso, o editor não assume qualquer responsabilidade por quaisquer ferimentos e/ou danos pessoais ou materiais resultantes de quaisquer métodos, produtos, instruções, ideias ou outros contidos nesta publicação.

Esta publicação foi concebida para fornecer informações exactas e fidedignas relativamente ao assunto nela abordado. É vendida com o claro entendimento de que a editora não está envolvida na prestação de serviços jurídicos ou quaisquer outros serviços profissionais.

Em suma, o presente documento não tem qualquer impacto jurídico. Contém apenas as informações que estão disponíveis no domínio público"

SOBRE O AUTOR

O Dr. Amit Dodiya obteve o seu doutoramento em química orgânica na Universidade de Bhavnagar, Gujarat, Índia, no ano de 2011. Atualmente, trabalha como chefe do departamento de direitos de propriedade intelectual numa reputada empresa farmacêutica sediada em Gujarat, na Índia. Para além disso, dá palestras como professor convidado em muitas faculdades e institutos. Publicou muitos artigos de investigação, capítulos de livros, artigos de revisão em revistas nacionais e internacionais de renome e tem também várias patentes em seu nome. Também participou e apresentou os seus trabalhos de investigação em várias conferências nacionais e internacionais no domínio da química.

Capítulo 1
Introdução

O Deferasirox é quimicamente conhecido como ácido 4-(3,5-bis(2-hidroxifenil)-1H-1,2,4-triazol-1-il)benzoico e o seu número CAS é 201530-41-8. O deferasirox é comercializado sob as denominações de Exjade, Desirox, Defrijet, Desifer, Rasiroxpine, Jadenu e ICL670. O Deferasirox é um quelante de ferro oral, utilizado principalmente para reduzir a sobrecarga crónica de ferro em doentes que recebem transfusões de sangue a longo prazo para doenças como a beta-talassemia e outras anemias crónicas. [1,2]

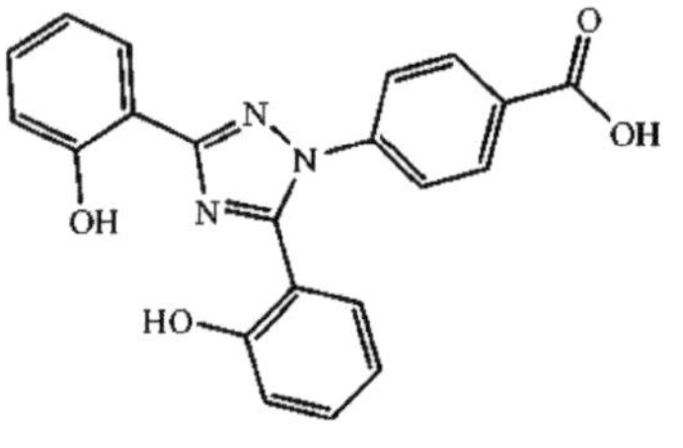

Deferasirox

O deferasirox pode ser preparado a partir de materiais de base simples disponíveis no mercado, como se mostra no esquema-1 abaixo mencionado:

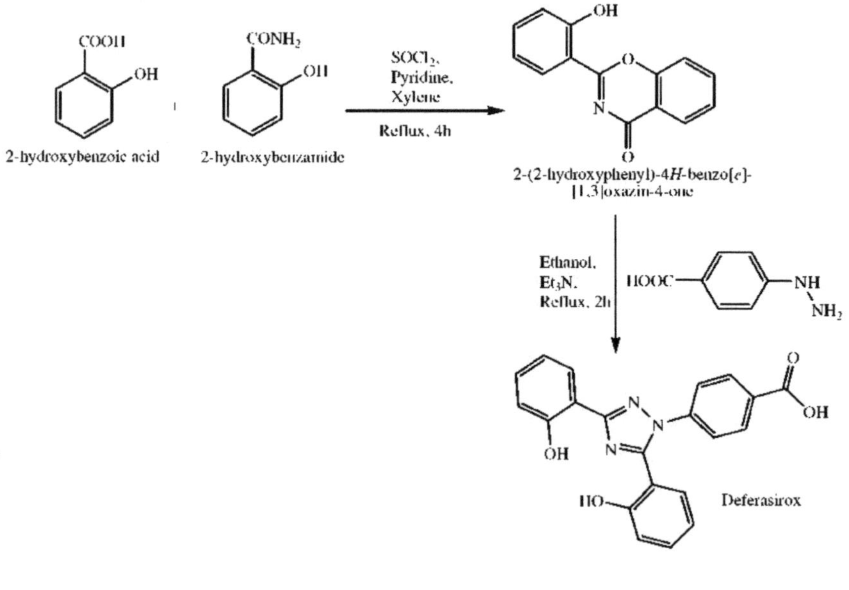

Esquema-1: Processo de preparação do Deferasirox.

A condensação de cloreto de saliciloilo (formado *in situ* a partir de ácido salicílico e cloreto de tionilo) com 2-hidroxibenzamida em condições de reação de desidratação resulta na formação de 2-(2-hidroxifenil)-1,3(4H)-benzoxazin-4-ona. Este intermediário é isolado e reagido com ácido 4-hidrazinobenzóico na presença de trietilamina como base e etanol como solvente para dar ácido 4-(3,5-bis(2-hidroxifenil)- 1,2,4-triazol-1-il)benzoico (Deferasirox).[8] É o primeiro medicamento oral aprovado nos EUA para este fim.[3] Foi aprovado pela Food and Drug Administration (FDA) dos Estados Unidos em novembro de 2005.[1,3] De acordo com a FDA (maio de 2007), foram notificadas insuficiência renal e citopenias em doentes que receberam Deferasirox comprimidos de suspensão oral. Está aprovado na União Europeia pela Agência Europeia de Medicamentos (EMA) para crianças a partir dos 6 anos de idade para a sobrecarga crónica de ferro resultante de repetidas transfusões de sangue.[4,5,6]

O deferasirox pertence a uma nova classe de quelantes de ferro tridentados, o bis-hidroxifeniltriazol N-substituído.

São necessárias duas moléculas de Deferasirox para formar um complexo solúvel com um ião Fe^{3+}. Foram fornecidas informações satisfatórias sobre a estrutura/estabilidade do complexo a pH fisiológico e sobre a influência de outros iões metálicos (ver secções não clínicas e clínicas). O ativo é um pó branco a ligeiramente amarelo e não higroscópico. Tem uma boa permeabilidade e é praticamente insolúvel em água e em meio ácido, aumentando a solubilidade com o pH. Por conseguinte, a dimensão das partículas é suscetível de ser importante para a taxa e, possivelmente, para a extensão da absorção. O deferasirox não é quiral. Foram identificadas duas formas polimórficas. O polimorfo ativo é o polimorfo A, termodinamicamente estável. O outro polimorfo não pode ser formado nas condições de armazenamento recomendadas para a substância ativa/produto acabado e nas condições utilizadas para o fabrico do produto acabado.

A palavra "polimorfismo" refere-se à capacidade de uma estrutura química se apresentar sob diferentes formas e é conhecida por ocorrer em muitos compostos orgânicos, incluindo fármacos[9]. Como tal, as "formas polimórficas" ou "polimorfos" incluem substâncias medicamentosas que se apresentam sob diferentes formas, como a forma cristalina, a forma amorfa, a forma anidra, em vários graus de hidratação ou solvatação, com moléculas de solvente aprisionadas, bem como substâncias que variam em termos de dureza, forma e tamanho do cristal. A descoberta de novas formas polimórficas de um composto farmaceuticamente útil proporciona uma nova oportunidade para melhorar as características de desempenho de uma formulação farmacêutica. Também aumenta o repertório de materiais que um cientista de formulação tem disponível para conceber uma forma de dosagem farmacêutica de um fármaco, tal como um perfil de libertação direcionado ou outra caraterística desejada. Os diferentes polimorfos variam em termos de propriedades físicas, como a solubilidade, a dissolução, a estabilidade no estado sólido, bem como o comportamento de processamento em termos de fluxo de pó e compactação durante a formação de comprimidos. Os polimorfos podem ser caracterizados por difração de raios X em pó (XRPD), calorimetria diferencial de varrimento (DSC), análise termogravimétrica (TGA), sorção dinâmica de vapor (DVS), microscopia de fase quente, microscopia ótica, análise Karl Fischer, ponto de fusão, espetroscopia (por exemplo Raman, ressonância magnética nuclear no estado sólido (ssNMR), ressonância magnética nuclear no estado líquido (1H- e 13C-NMR) e FT-IR), estabilidade térmica, estabilidade de moagem e solubilidade, entre outras. Uma das propriedades físicas mais importantes dos compostos farmacêuticos é a sua solubilidade em solução aquosa, particularmente a sua solubilidade nos sucos gástricos de um doente. Por exemplo, quando a absorção através do trato gastrointestinal é lenta, é muitas vezes desejável que um fármaco se dissolva lentamente para que não se acumule num ambiente deletério. Isto é particularmente verdadeiro quando o fármaco é instável às condições do estômago ou do intestino do doente. Diferentes formas cristalinas ou polimorfos do mesmo composto farmacêutico podem ter (e alegadamente têm) diferentes solubilidades aquosas.

A diferença nas propriedades físicas das diferentes formas cristalinas resulta da orientação e das interacções intermoleculares das moléculas ou complexos adjacentes no sólido a granel. Por conseguinte, os polimorfos são formas cristalinas distintas que partilham a mesma fórmula molecular, mas que possuem propriedades físicas distintas em comparação com outras formas cristalinas do mesmo composto ou complexo. Estas propriedades físicas distintas podem, isoladamente ou em combinação, conferir vantagens a um determinado polimorfo em aplicações farmacêuticas.

Estas propriedades podem ser influenciadas pelo controlo das condições em que a DFX é obtida na forma sólida. As propriedades físicas no estado sólido incluem, por exemplo, a capacidade de fluxo do sólido moído. A fluidez afecta a facilidade com que o material é manuseado durante a transformação num produto farmacêutico. Quando as partículas do composto em pó não passam facilmente umas pelas outras, um especialista em formulações deve ter esse facto em conta no desenvolvimento de uma formulação de comprimidos ou cápsulas, o que pode exigir a utilização de agentes deslizantes como o dióxido de silício coloidal, o talco, o amido ou o fosfato de cálcio tribásico.

Outra propriedade importante do estado sólido de um composto farmacêutico é a sua taxa de dissolução num fluido aquoso. A taxa de dissolução de um ingrediente ativo no fluido estomacal de um doente pode ter consequências terapêuticas, uma vez que impõe um limite superior à taxa a que um ingrediente ativo administrado por via oral pode atingir a corrente sanguínea do doente. A taxa de dissolução é também um fator a considerar na formulação de xaropes, elixires e outros medicamentos líquidos. A forma de estado sólido de um composto pode também afetar o seu comportamento na compactação e a sua estabilidade de armazenamento.

Os termos "forma sólida" e termos relacionados referem-se a uma forma física que inclui um composto fornecido ou um sal, solvato ou hidrato do mesmo, que não se encontra no estado líquido ou gasoso. As formas sólidas podem ser cristalinas, amorfas, cristalinas desordenadas, parcialmente cristalinas e/ou parcialmente amorfas.

A palavra "forma amorfa" refere-se a uma forma na qual não existe uma ordem tridimensional de longo alcance. Na forma amorfa, a posição das moléculas em relação umas às outras é essencialmente aleatória, ou seja, sem uma disposição regular das moléculas numa estrutura de rede. Uma forma amorfa de um composto ou do seu sal, solvato ou hidrato farmaceuticamente aceitável pode ser obtida por dissolução de uma forma cristalina seguida da remoção do solvente em condições em que não se formam cristais estáveis. Por exemplo, a solidificação pode ocorrer por remoção rápida do solvente, por adição rápida de um anti-solvente (fazendo com que a forma amorfa precipite para fora da solução) ou por interrupção física do processo de cristalização. Podem também ser utilizados processos de moagem. Uma forma amorfa pode também ser obtida por arrefecimento rápido a partir de um sistema de solvente único, como, por exemplo, etanol, álcool isopropílico, álcool t-amílico, n-butanol, metanol, acetona, acetato de etilo ou ácido acético. Além disso, a forma amorfa pode ser obtida por arrefecimento lento a partir de um único sistema de solventes, como, por exemplo, etanol, álcool isopropílico, álcool t-amílico ou acetato de etilo.

A palavra "cristalino" refere-se a uma forma na qual a posição das moléculas em relação umas às outras está organizada de acordo com uma estrutura de treliça tridimensional.[10] Geralmente, o termo "cristalino" utilizado para descrever uma substância, componente ou produto, significa que a substância, componente ou produto é substancialmente cristalino, conforme determinado, por exemplo, por difração de raios X.[8] Também se refere aos vários materiais cristalinos que compõem uma determinada substância, incluindo formas cristalinas de componente único e formas cristalinas de múltiplos componentes, e incluindo, mas não se limitando a, polimorfos, solvatos, hidratos, co-cristais e outros complexos moleculares, bem como sais, solvatos de sais, hidratos de sais, outros complexos moleculares de sais e polimorfos dos mesmos. Em certas formas de realização, uma forma cristalina de uma substância pode estar substancialmente livre de formas amorfas e/ou outras formas cristalinas. Noutras formas de realização, uma forma cristalina de uma substância pode conter cerca de 1%, cerca de 2%, cerca de

3%, cerca de 4%, cerca de 5%, cerca de 10%, cerca de 15%, cerca de 20%, cerca de 25%, cerca de 30%, cerca de 35%, cerca de 40%, cerca de 45% ou cerca de 50% de uma ou mais formas amorfas e/ou outras formas cristalinas numa base de peso e/ou molar. Certas formas cristalinas de uma substância podem ser obtidas por vários métodos, tais como, sem limitação, recristalização por fusão, arrefecimento por fusão, recristalização por solvente, recristalização em espaços confinados, tais como, por exemplo, em nanoporos ou capilares, recristalização em superfícies ou modelos, tais como, por exemplo em polímeros, recristalização na presença de aditivos, como, por exemplo, contra-moléculas co-cristalinas, dessolvatação, desidratação, evaporação rápida, arrefecimento rápido, arrefecimento lento, difusão de vapor, sublimação, trituração, trituração por gota de solvente, precipitação induzida por micro-ondas, precipitação induzida por sonicação, precipitação induzida por laser e/ou precipitação a partir de um fluido supercrítico. Tal como utilizado na técnica anterior, e salvo indicação em contrário, o termo "isolar" também engloba a purificação.

A palavra "forma anidra" refere-se a uma forma particular essencialmente isenta de água.

A palavra "Hidratação" refere-se ao processo de adição de moléculas de água a uma substância que se apresenta numa forma particular e os "hidratos" são substâncias que se formam pela adição de moléculas de água. "Solvatação" refere-se ao processo de incorporação de moléculas de um solvente numa substância que se apresenta numa forma cristalina. Por conseguinte, o termo "solvato" é definido como uma forma cristalina que contém quantidades estequiométricas ou não estequiométricas de solvente. Uma vez que a água é um solvente, os solvatos também incluem hidratos.

A palavra "pseudopolimorfo" é aplicada a formas cristalinas polimórficas que têm moléculas de solvente incorporadas nas suas estruturas de rede. O termo pseudopolimorfismo é frequentemente utilizado para designar solvatos.

A palavra "substancialmente puro", quando utilizada para descrever um polimorfo, uma forma cristalina ou uma forma sólida de um composto ou complexo aqui descrito, significa uma forma sólida do composto ou complexo que compreende um polimorfo particular e é substancialmente livre de outras formas polimórficas e/ou amorfas do composto. Um polimorfo representativo substancialmente puro compreende mais de cerca de 80% em peso de uma forma polimórfica do composto e menos de cerca de 20% em peso de outras formas polimórficas e/ou amorfas do composto; mais de cerca de 90% em peso de uma forma polimórfica do composto e menos de cerca de 10% em peso de outras formas polimórficas e/ou amorfas do composto; superior a cerca de 95%, em peso, de uma forma polimórfica do composto e inferior a cerca de 5%, em peso, de outras formas polimórficas e/ou amorfas do composto; superior a cerca de 97%, em peso, de uma forma polimórfica do composto e inferior a cerca de 3%, em peso, de outras formas polimórficas e/ou amorfas do composto; ou superior a cerca de 99%, em peso, de uma forma polimórfica do composto e inferior a cerca de 1%, em peso, de outras formas polimórficas e/ou amorfas do composto.

A palavra "estável" refere-se a um composto ou composição que não se decompõe facilmente nem muda de composição química ou de estado físico. Uma composição ou formulação estável fornecida neste documento não se decompõe significativamente em condições normais de fabrico ou armazenamento. Em algumas formas de realização, o termo "estável", quando utilizado em relação a uma formulação ou a uma forma de dosagem, significa que o ingrediente ativo da formulação ou da forma de dosagem permanece inalterado na composição química ou no estado físico durante um período de tempo especificado e não se degrada ou agrega significativamente ou é modificado de outra forma (por exemplo, conforme determinado, por exemplo, por HPLC, FTIR ou XRPD). Nalgumas formas de realização, cerca de 70 por cento ou mais, cerca de 80 por cento ou mais, cerca de 90 por cento ou mais, cerca de 95 por cento ou mais, cerca de 98 por cento ou mais, ou cerca de 99 por cento ou mais do composto permanece inalterado após o período especificado. Numa forma de realização, um polimorfo aqui fornecido é estável após armazenamento a longo prazo (por exemplo, nenhuma alteração significativa na forma do polimorfo após cerca de 1, 2, 3, 4, 5, 6, 7, 8, 9, 10, 11, 12, 18, 24, 30, 36, 42, 48, 54, 60, ou mais de cerca de 60 meses).

A palavra "Formas de sal" refere-se a um composto que contém um sal farmaceuticamente aceitável, ou um solvato ou hidrato do mesmo. Os sais de adição ácida farmaceuticamente aceitáveis de um composto aqui fornecido podem ser formados com ácidos inorgânicos e ácidos orgânicos. Os ácidos inorgânicos dos quais os sais podem ser derivados incluem, entre outros, o ácido clorídrico, o ácido bromídrico, o ácido sulfúrico, o ácido nítrico, o ácido fosfórico e semelhantes. Os ácidos orgânicos dos quais os sais podem ser derivados incluem, mas não se limitam a, ácido acético, ácido propiónico, ácido glicólico, ácido pirúvico, ácido oxálico, ácido maleico, ácido malónico, ácido succínico, ácido fumárico, ácido tartárico, ácido cítrico, ácido benzoico, ácido cinâmico, ácido mandélico, ácido metanossulfónico, ácido etanossulfónico, ácido p- toluenossulfónico, ácido salicílico e semelhantes. Noutras formas de realização, se aplicável, os sais de adição de bases farmaceuticamente aceitáveis de um composto aqui fornecido podem ser formados com bases inorgânicas e orgânicas. As bases inorgânicas das quais os sais podem ser derivados incluem, mas não se limitam a, sódio, potássio, lítio, amónio, cálcio, magnésio, ferro, zinco, cobre, manganês, alumínio e semelhantes. As bases orgânicas das quais os sais podem ser derivados incluem, mas não se limitam a, aminas primárias, secundárias e terciárias, aminas substituídas, incluindo aminas substituídas naturais, aminas cíclicas, resinas básicas de permuta iónica e semelhantes. As bases exemplares incluem, mas não se limitam a, isopropilamina, trimetilamina, dietilamina, trietilamina, tripropilamina e etanolamina. Nalgumas formas de realização, um sal de adição de base farmaceuticamente aceitável é um sal de amónio, potássio, sódio, cálcio ou magnésio; os sais bis (ou seja, dois contra-iões) e os sais superiores (por exemplo, três ou mais contra-iões) estão incluídos no significado de sais farmaceuticamente aceitáveis. O composto pode ser formado, por exemplo, com ácido L-tartárico, ácido p- toluenossulfónico, ácido D-glucarónico, ácido etano-1,2-dissulfónico (EDSA), ácido 2- naftalenossulfónico (NSA), ácido clorídrico (HCl) (mono e bis), ácido bromídrico (HBr), ácido cítrico, ácido naftaleno-1,5-dissulfónico (NDSA), ácido DL-mandélico, ácido fumárico, ácido sulfúrico, ácido maleico, ácido metanossulfónico (MSA), ácido benzenossulfónico (BSA), ácido etanossulfónico (ESA), ácido L-málico, ácido fosfórico e ácido aminoetanossulfónico (taurina).

Capítulo 2

Processo de patente do produto Deferasirox:

O deferasirox e os seus sais farmaceuticamente aceitáveis, juntamente com a composição farmacêutica, são divulgados na patente US6465504 (a seguir designada US'504) e atribuída à Novartis AG. A patente US'504 tem uma data de validade estimada em 5th abril de 2019. A patente US'504 descreve o processo de preparação do Deferasirox, tal como ilustrado no Esquema-2 abaixo mencionado:

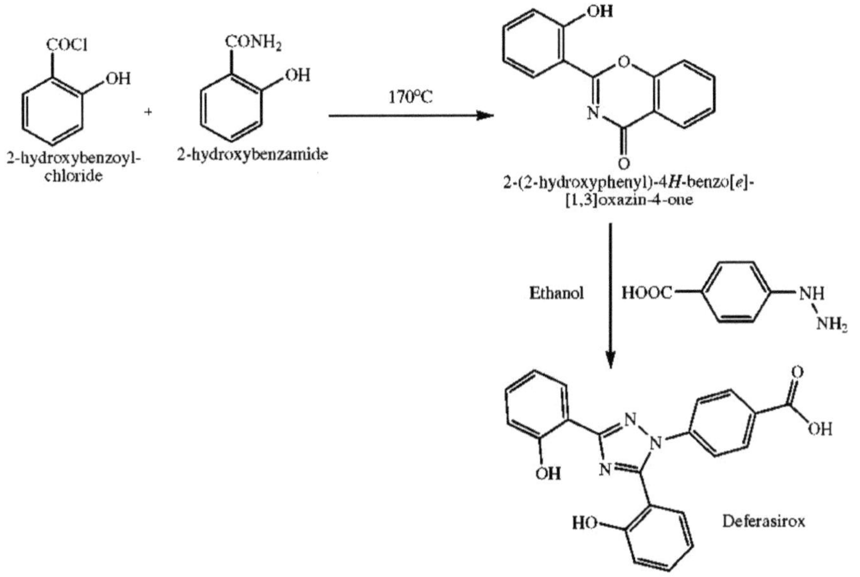

COCl
OH
2-hydroxybenzoyl-chloride

+

CONH$_2$
OH
2-hydroxybenzamide

170°C →

OH
2-(2-hydroxyphenyl)-4H-benzo[e]-[1,3]oxazin-4-one

Ethanol | HOOC—NH—NH$_2$

Deferasirox

Esquema-2: Processo de preparação do Deferasirox.
em que o cloreto de saliciloilo reage com a salicilamida a 170° C, resultando na formação de 2-(2-hidroxifenil)benz[e][1,3]-oxazin-4-ona, que é posteriormente submetida a cristalização em etanol para dar cristais de cor amarela ligeira em 2-(2-hidroxifenil)[e][1,3]-oxazin-4-ona. Reage ainda com ácido 4-hidrazina benzoico na presença de etanol para dar Deferasirox, que tem um ponto de fusão entre 264-265° C. Esta patente não revela quaisquer formas polimórficas do Deferasirox.

São a seguir apresentados breves pormenores sobre as patentes/aplicações relevantes disponíveis para os polimorfos/sais de Deferasirox:

1_ WO2008065123 (a seguir designado por WO' 123)	

Título	Sais e formas cristalinas do ácido 4-[3,5-bis(2-hidroxifenil)-[1,2,4]triazol-1-il]benzoico
Requerente	Novartis AG [CH]; Mutz Michael [DE]
Data de apresentação	27-Nov-2007

Dados prioritários	N.º de prioridade	Data de prioridade
	EP20060125002	29-Nov-2006
	EP20070112795	19-Jul-2007

Estatuto jurídico	O pedido foi retirado (estatuto do EP2099775); data do estatuto: 3-Nov-2015
Equivalentes	WO2008065123(A3)AU2007327585 (A1) AU2007327585 (B2) BRPI0720793 (A2) CA2670313 (A1) CA2670313 (C) EP2099775 (A2) IN2961DE2009 (A) JP2010511012 (A) JP2014051517 (A) KR20090085081 (A) KR20150046369 (A) MX2009005619(A) RU2009124593 (A) RU2468015 (C2) US2010056590 (A1) US2012203007 (A1) US2013267572 (A1) US8153672 (B2) US8436030 (B2) US8946272 (B2)
Observações	

WO2008065123 Pedido PCT atribuído à Novartis AG e o seu estado atual foi retirado do IEP. A invenção diz respeito a novas formas cristalinas de ácido 4-[3,5- bis(2-hidroxifenil)-[1,2,4]triazol-1-il]benzoico, como a forma A, a forma B, a forma amorfa, a forma C, a forma

D, a forma SA e a forma SB.

Forma cristalina A do ácido 4-[3,5-bis(2-hidroxifenil)-[1,2,4]triazol-1-il]benzoico, caracterizada por um padrão de difração de raios X com um pico em 10.0, 10.5, 14.1, 16.6, 23.1, 25.1, 25.7, 26.2 ± O.2o0 e espetro Raman com bandas significativas 3083, 1623, 1609, 1517, 1458, 1352, 991cm^1 ± 0.3 cm^{-1} .

Forma cristalina A do ácido 4-[3,5-bis(2-hidroxifenil)-[1,2,4]triazol-1-il]benzoico preparada pelo seguinte processo

a) fornecendo uma solução de ácido 4-[3,5-bis(2-hidroxifenil)-[1,2,4]triazol-1-il]benzoico, por exemplo na forma amorfa, num solvente prótico ou aprótico;

b) arrefecimento da solução para obter a forma cristalina A do ácido 4-[3,5-bis(2-hidroxifenil)- [1 ,2,4]triazol-1-il]benzoico; e

c) isolamento da forma cristalina A do ácido 4-[3,5-bis(2-hidroxifenil)-[1,2,4]triazol- 1-il]benzoico

Forma cristalina B do Deferasirox caracterizada por um padrão de difração de raios X com um pico a 6,5, 7,4, 10,8, 13,4, 14,8, 19,2, 21,7, 26,1 ± 0,2o0.

Forma cristalina B do Deferasirox preparada pelo seguinte processo

(a) aquecimento do material amorfo acima da temperatura de transição vítrea, por exemplo, acima de 95o C, por exemplo, acima de 95o C ou até uma temperatura igual a 105o C,

(b) iniciar a cristalização por aquecimento adicional a uma temperatura de, por exemplo, 150o C até uma temperatura igual a cerca de 190o C, por exemplo, igual a 190o C,

(c) Isolamento dos cristais da forma cristalina B do ácido 4-[3,5-bis(2-hidroxifenil)-[1,2,4]triazol-1 -il]benzoico.

A forma amorfa do ácido 4-[3,5-bis(2-hidroxifenil)-[1,2,4]triazol-1-il]benzoico tem um espetro Raman com bandas significativas 3079, 1624, 1608, 1519, 1496, 1472, 1460, 1362, 1316, 997, 991 cm-1 ± 3 cm-1.

Forma amorfa do ácido 4-[3,5-bis(2-hidroxifenil)-[1,2,4]triazol-1-il]benzoico preparada pelo seguinte processo

(a) Aquecimento, por exemplo, da forma cristalina da modificação A ou da modificação B, por exemplo, acima do seu ponto de fusão de 261o C para a forma cristalina da modificação A, arrefecendo rapidamente a uma temperatura de cerca de 20-25° C ou inferior para obter a forma amorfa.

Forma cristalina SA do ácido 4-[3,5-bis(2-hidroxifenil)-[1 ,2,4]triazol-1-il]benzoico. De preferência, a forma cristalina SA do ácido 4-[3,5- bis(2-hidroxifenil)-[1,2,4]triazol-1-il]benzoico.

Forma cristalina C do ácido 4-[3,5-bis(2- hidroxifenil)-[1,2,4]triazol-1-il]benzoico caracterizada por um padrão de difração de raios X com um pico em 9.2, 12.4, 13.2, 16.3, 18.3, 21.3, 22.2, 24.2, 25.1 ± 0.2° 0 e espetro Raman com bandas significativas 3066(w, broad), 2973(w), 2940(w), 1601 (st), 1530(w), 1517(m), 1467(m), 1414(w), 1341 (st), 1300(w), 1264(w), 1 167(w), 1042(w), 986(m), 837(w), 781(w), 659(w), 413(w) e 166(w) cm^{-1} ± 3 cm^{-1} .

Forma cristalina C do ácido 4-[3,5-bis(2-hidroxifenil)-[1,2,4]triazol-1-il]benzoico, preparada pelo seguinte processo

  (a) O ácido 4-[3,5-bis(2-hidroxifenil)-[1,2,4]triazol-1-il]benzoico é dissolvido em THF/água/etanol, por exemplo (2:4:4),

  (b) solução da etapa b) é deixada secar, por exemplo, por lavagem com azoto à temperatura ambiente,

  (c) o precipitado seco da etapa d) é ressuspendido com uma mistura V/V de um solvente 1, por exemplo, acetonitrilo, metanol ou diclorometano, e de um solvente 2, por exemplo, n-hexano, tolueno ou ciclo-hexano,

  (d) a suspensão ou solução da etapa c) é agitada utilizando um vortexer de alta velocidade, por exemplo, a cerca de 30° C, durante cerca de 2 horas,

  (e) a solução da etapa d) é evaporada, por exemplo, à temperatura ambiente, por exemplo, sob uma corrente de azoto.

  (f) a modificação C da etapa f) é isolada.

Forma cristalina D do ácido 4-[3,5-bis(2- hidroxifenil)-[1 ,2,4]triazol-1-il]benzoico caracterizada por um padrão de difração de raios X com um pico a 7,0, 9,4, 10,6, 11,3, 13,9, 15,0, 20,4, 21,4 ± O,2° 0 e espetro Raman com bandas significativas 3071 (w, largo), 2973 (w, largo), 2940 (w, largo), 2887 (w, largo), 2852 (w, largo), 1604 (st), 1521 (m), 1483 (w, largo), 1462 (w, largo), 1385 (w, largo), 1346 (st), 1266 (W), 1 158 (w), 1 137 (w), 1034 (w), 984 (w), 660 (w), 414 (w) e 115 (w) cm^{-1} .

Forma cristalina D do ácido 4-[3,5-bis(2-hidroxifenil)-[1,2,4]triazol-1-il]benzoico preparada pelo seguinte processo

  (a) suspender o material de modificação A num solvente, por exemplo, uma mistura de dietilamina/ciclo-hexano v/v (1/1),

(b) misturando a suspensão da etapa a), por exemplo, a 30° C, por exemplo, durante 2 horas,

(c) filtrar a mistura da etapa b), por exemplo, num filtro de 0,2 mm, por exemplo, com uma membrana de celulose normal,

(d) evaporar a solução da etapa c), por exemplo, sob fluxo de N2,

(e) Isolamento dos cristais da forma cristalina D do ácido 4-[3,5-bis(2-hidroxifenil)- [1 ,2,4]triazol-1-il]benzoico.

Forma cristalina SB do ácido 4-[3,5-bis(2-hidroxifenil)-[1 ,2,4]triazol-1-il]benzoico caracterizada por um padrão de difração de raios X com um pico em 9,4, 10,0, 11,3, 12,8, 15,0, 16,1, 22,1, 24,3± O,2° 0.

Breve descrição dos desenhos:

Figura-1	:	Diagrama de difração de raios X em pó da forma cristalina A do ácido 4-[3,5- bis(2-hidroxifenil)-[1 ,2,4]triazol-1-il]benzoico.
Figura-2	:	Curva DSC da forma cristalina A do ácido 4-[3,5-bis(2-hidroxifenil)-[1,2,4]triazol-1-il]benzoico.
Figura-3	:	Espectro Raman da forma cristalina A do ácido 4-[3,5-bis(2-hidroxifenil)- [1 ,2,4]triazol-1-il]benzoico.
Figura-4	:	Diagrama de difração de raios X em pó da forma cristalina B do 4-[3,5- ácido bis(2- hidroxifenil)-[1,2,4]triazol-1-il]benzoico.

Figura-12	:	Espectro Raman da forma cristalina D do ácido 4-[3,5-bis(2-hidroxifenil)- [1 ,2,4]triazol-1-il]benzoico.
Figura-13	:	Diagrama de difração de raios X em pó da forma solvatada do ácido SB 4-[3,5-bis(2- hidroxifenil)-[1 ,2,4]triazol-1-il]benzoico.

Figura-1

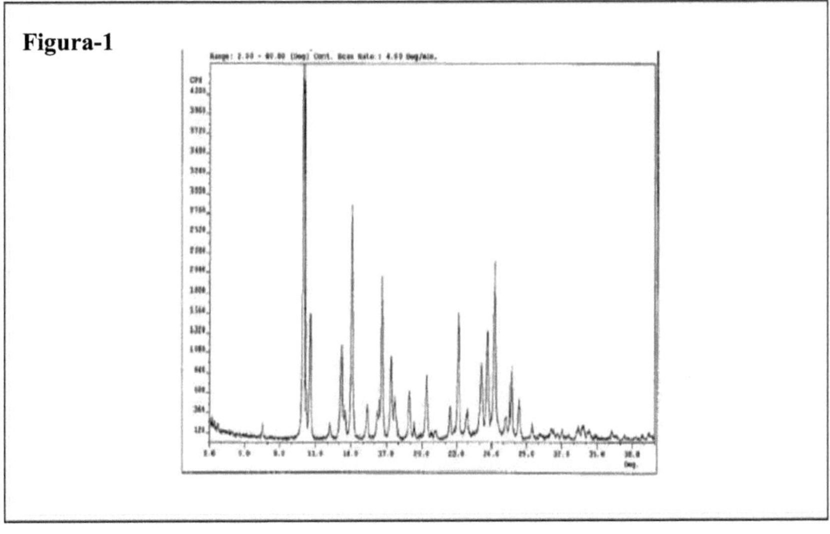

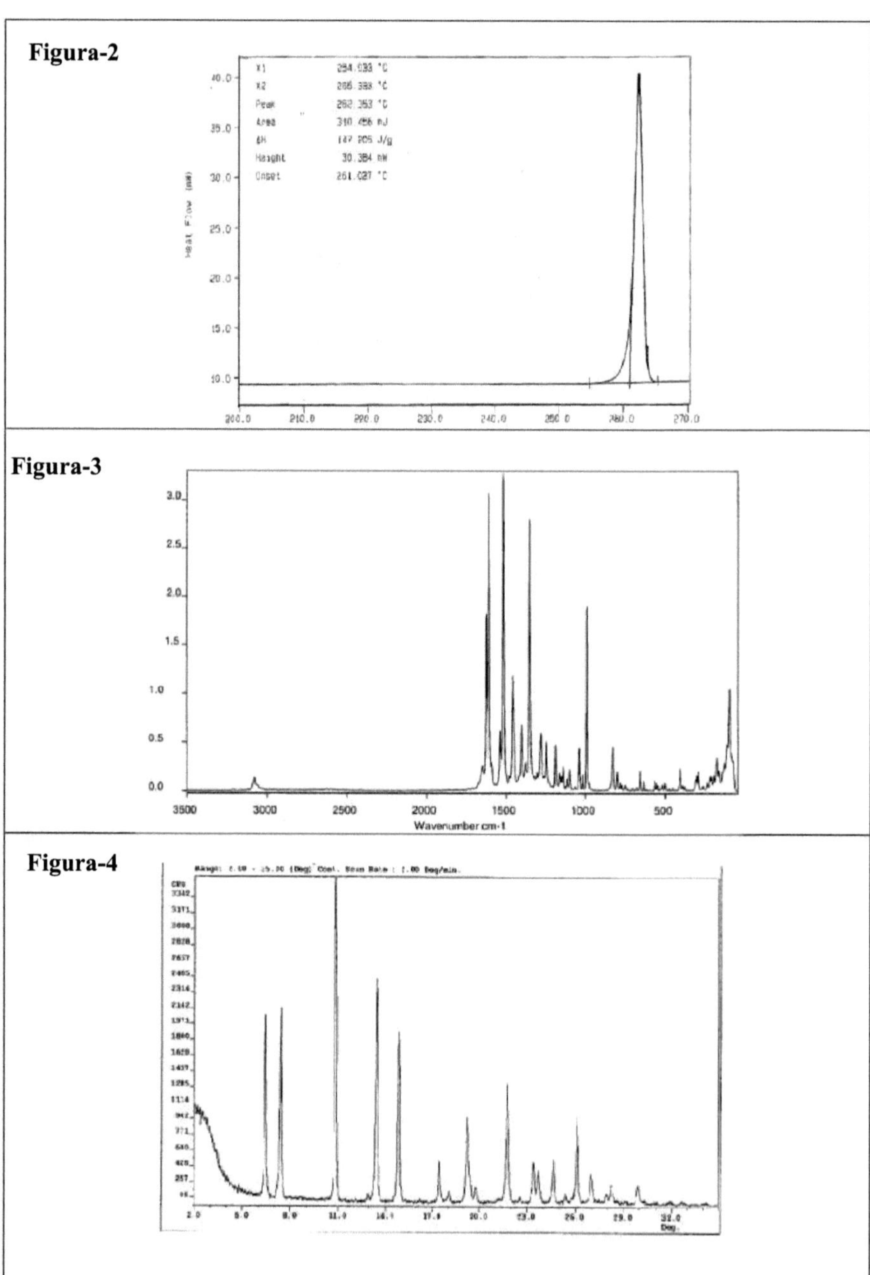

Figura-2

Figura-3

Figura-4

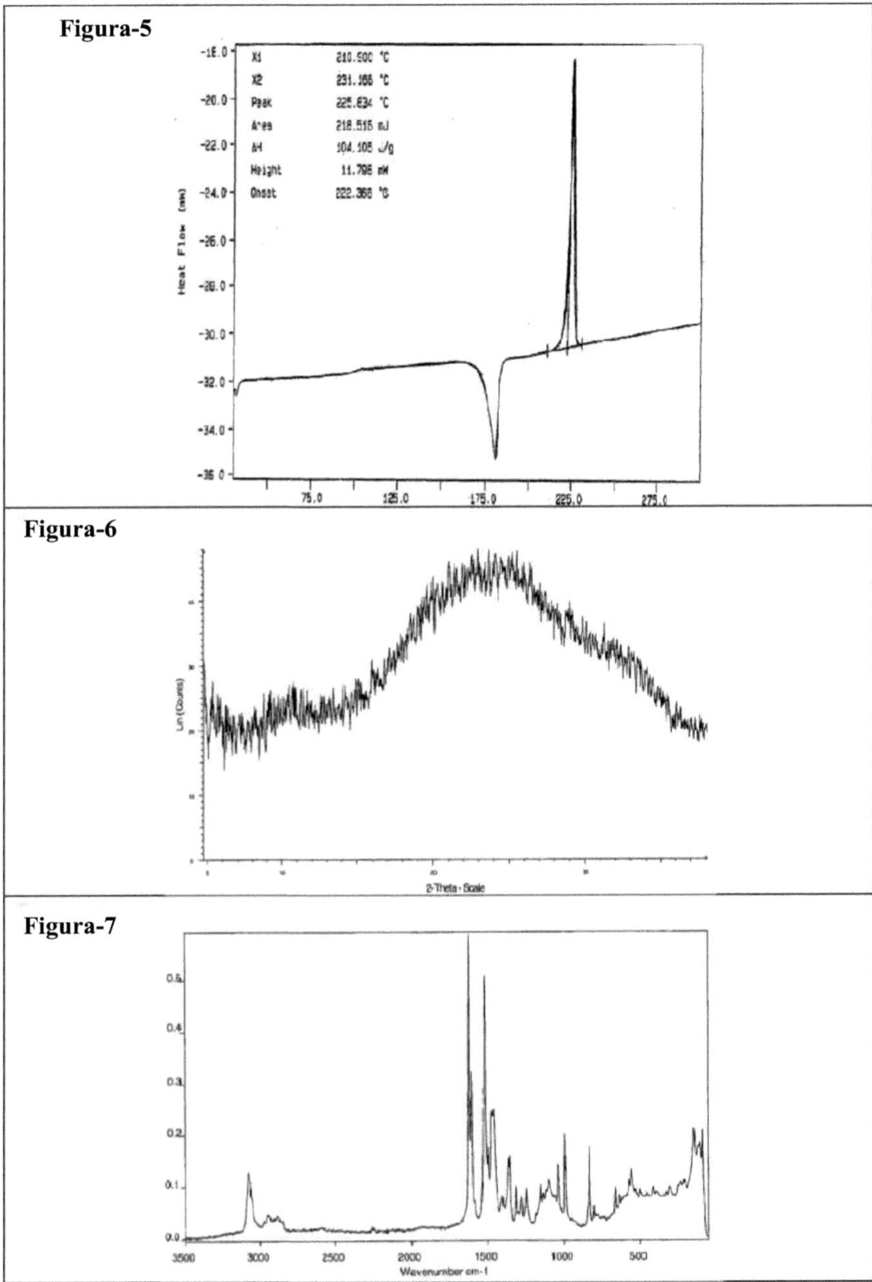

Figura-5

Figura-6

Figura-7

Figura-8

Figura-9

Figura-10

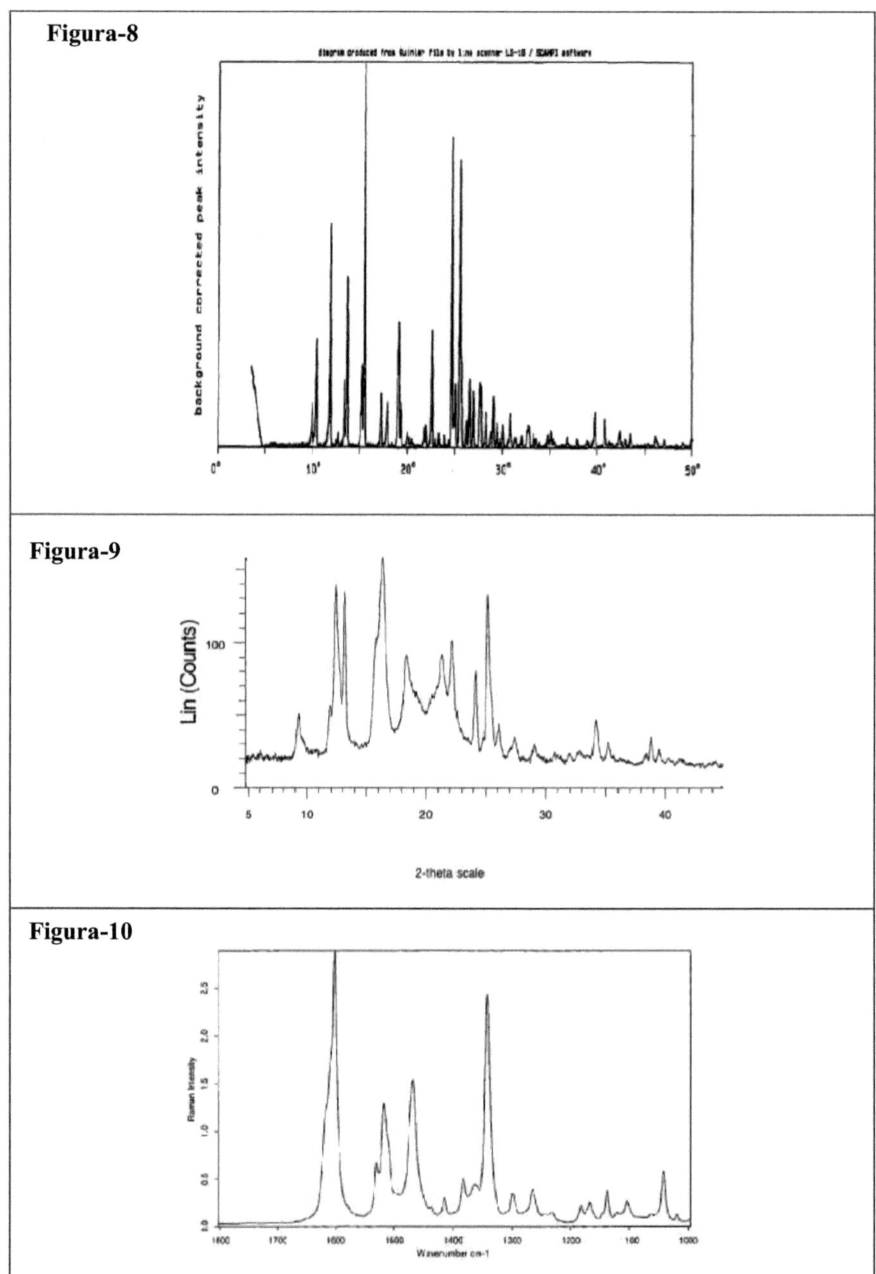

Figura-11

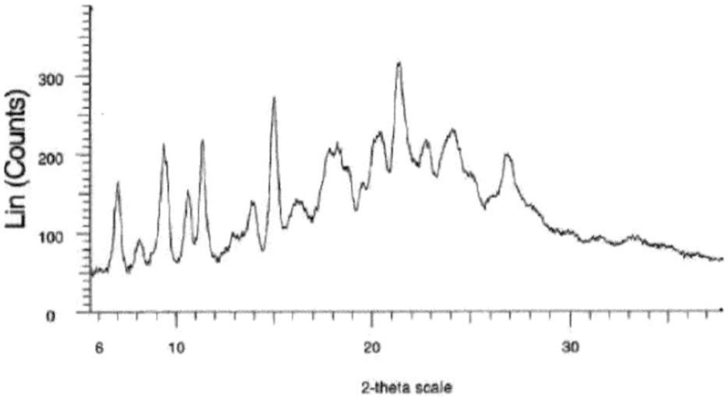

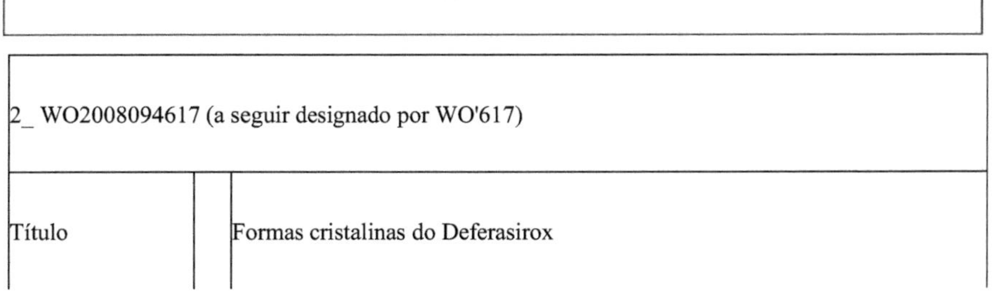

Figura-12

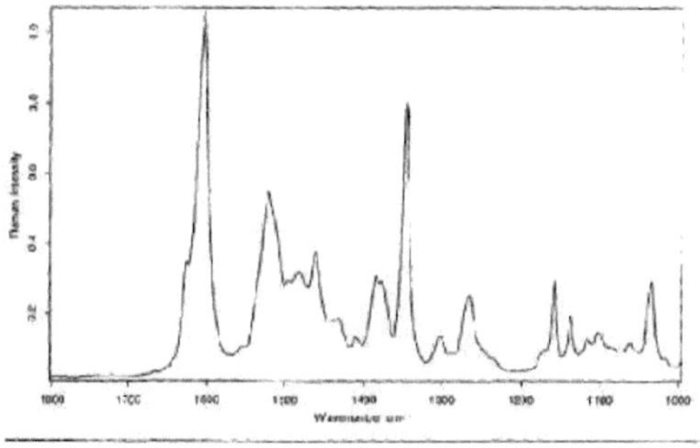

Figura-13

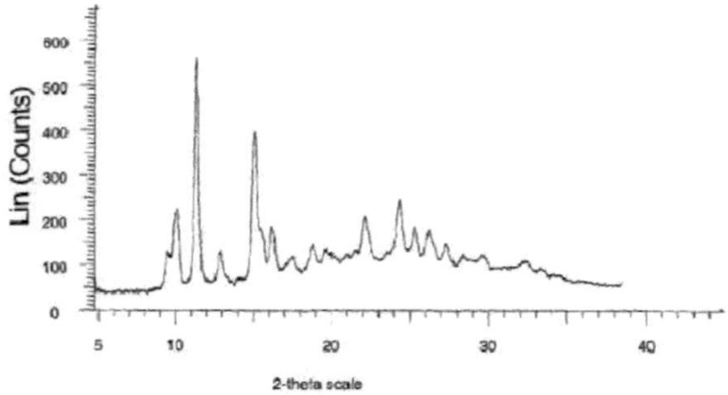

2_ WO2008094617 (a seguir designado por WO'617)	
Título	Formas cristalinas do Deferasirox

Requerente	TEVA Gyogyszergyar Zartkoeruee [HU]; TEVA Pharma [US]; TOTH Zoltan G [HU]; Tamas Tivadar [HU]; Racz Csilla Nemethne [HU]	
Data de apresentação	29-Jan-2008	
Dados prioritários	N.º de prioridade	Data de prioridade
	US20070898368P	29-Jan-2007
	US20070919428P	21-Mar-2007
	US20070994223P	17-Set-2007
Estatuto jurídico	O pedido foi retirado (estatuto do EP2108013) Data de atualização: 31-Dez-2010	
Equivalentes		
Observações		

WO2008094617 Pedido PCT atribuído à Teva Pharma [EUA] e o seu estado atual foi retirado do IEP. A presente invenção diz respeito a formas cristalinas de Deferasirox, ou seja, Forma II, Forma III, Forma IV e Solvato de Deferasirox THF Cristalino, métodos para a sua preparação e composições farmacêuticas das mesmas. A invenção também se refere a uma conversão de novas formas polimórficas para conhecer a forma I.

O número de publicação IPCOMOOO 146862D descreve uma forma cristalina de Deferasirox Forma I que é caracterizada por difração de raios X em pó com picos de cerca de 13,2, 14,1 e 16,6 ± 0,2° 0. A forma I pode ainda ser caracterizada por difração de raios X em pó com picos de cerca de 6,6, 10,0, 10,6, 20,3, 23,1, 25,7 e 26,2 ± 0,2° 0.

Forma cristalina de Deferasirox II caracterizada por um padrão PXRD com picos a cerca de

5,3, 10,6 e 13,9 ± 0,2° 0.

Deferasirox cristalino, forma II, preparado por um processo que inclui o fornecimento de uma solução

de DFX em água com pH básico, e reduzindo o pH até obter um pH ácido, obtendo-se assim a referida DFX cristalina.

Deferasirox cristalino, forma III, caracterizado por um padrão PXRD com picos a cerca de 10,4, 1 1,9 e 15,6 ± 0,2 °0.

Deferasirox cristalino Forma III preparado por um processo que compreende a cristalização de DFX a partir de uma mistura de solventes que inclui acetona como solvente e água como anti-solvente.

A invenção abrange o solvato de DFX em tetra-hidrofurano ("THF").

Deferasirox cristalino, forma IV, caracterizado por um padrão de PXRD com picos a cerca de 6,8, 1 1,7 e 15,1 ± 0,2°0.

Deferasirox cristalino, forma IV, preparado por um processo que compreende o fornecimento de uma solução de DFX em THF e a remoção do THF para obter o referido DFX cristalino.

A parte do exemplo de revela que o Deferasirox de I pode ser preparado por aquecimento da forma II ou da forma III ou da forma IV individualmente a 120° C durante 30 minutos.

Breve descrição das figuras:

Figura-14	:	Padrão PXRD da forma cristalina I de DFX
Figura-15	:	Padrão PXRD da forma cristalina II de DFX
Figura-16	:	Padrão PXRD da forma cristalina III de DFX
Figura-17	:	Padrão PXRD da forma cristalina IV de DFX
Figura-18	:	Imagem microscópica da forma cristalina IV

Figura-14

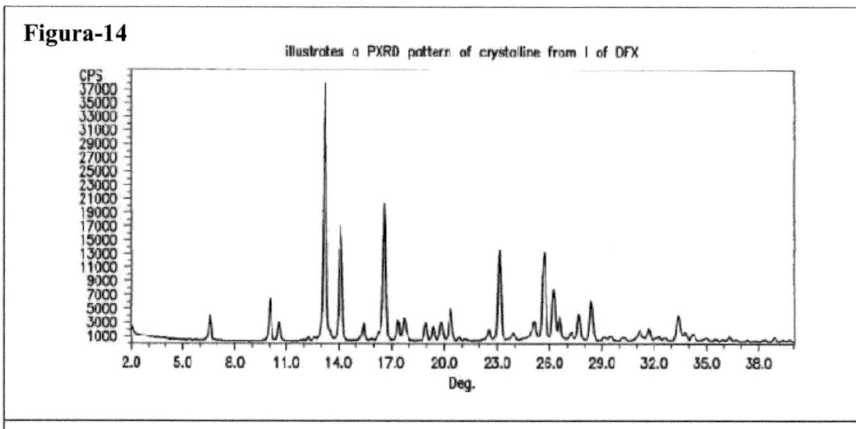

Figura-15

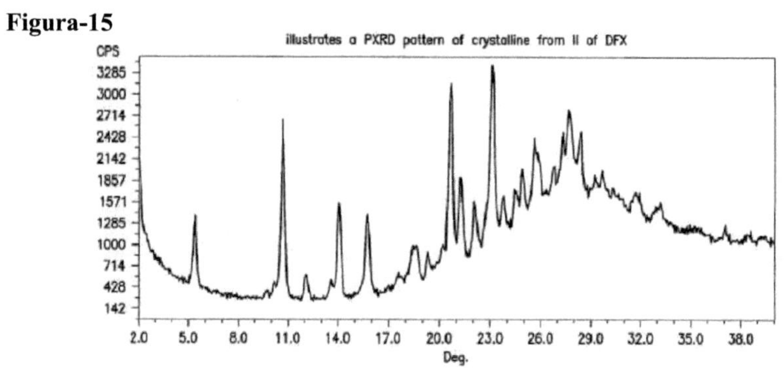

Figura 16

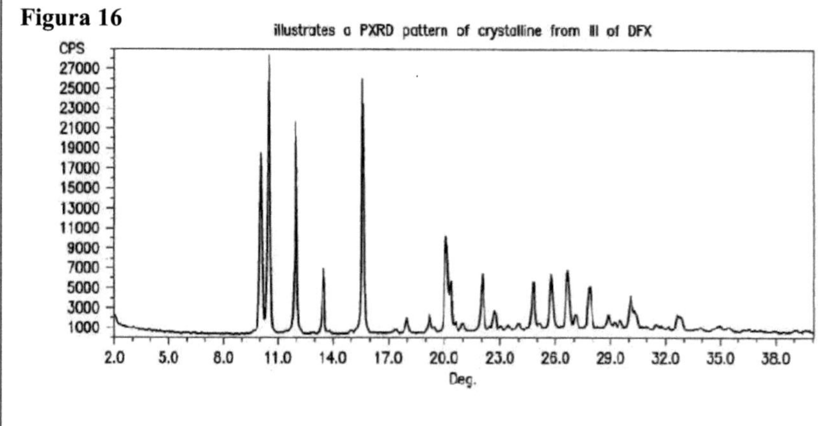

Figura-17

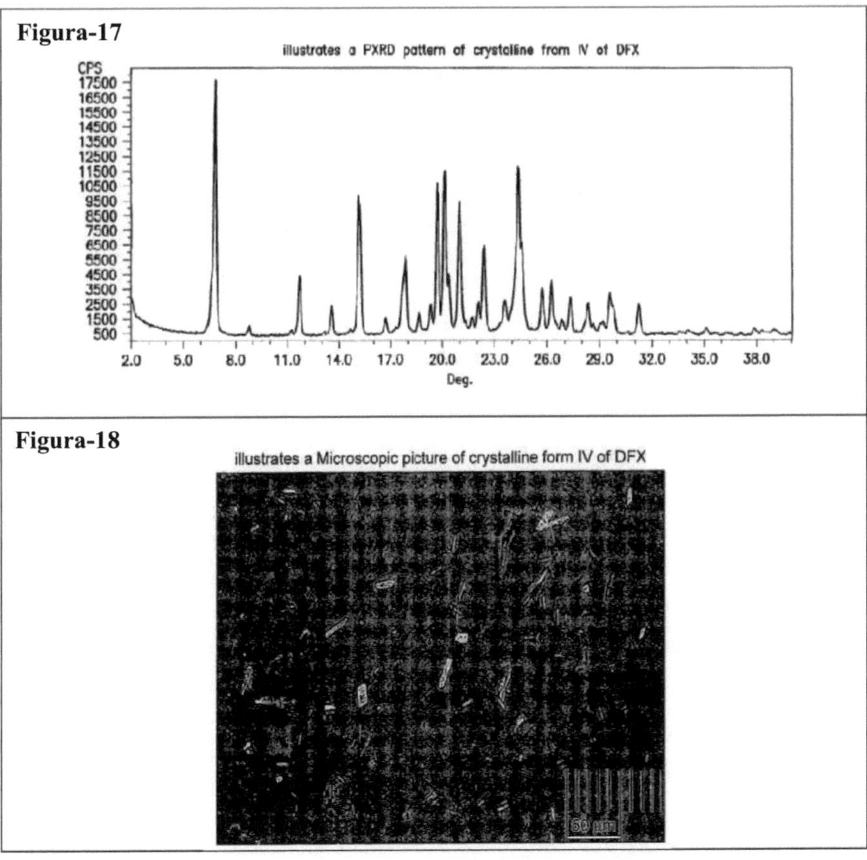

Figura-18

3_ WO2009016359 (a seguir designado por WO'359)		
Título	: Novas formas de Deferasirox	
Requerente	: Liva Hrvatska DOO [HR]	
Data de apresentação	: 25-julho-2008	
Dados prioritários	N.º de prioridade	Data de prioridade

	US20070935134P	27-julho-2007
	US20070935482P	15-Aug-2007
	US20070960285P	24-Set-2007
Estatuto jurídico	O pedido foi acompanhado de	rawn
	Data de atualização: 3-Sep-2010	
Equivalentes	^^B^^B^^B	Equivalentes
Observações	^^B^^B^^B	Observações

WO2009016359 Pedido PCT atribuído a Liva Hrvatska DOO [HR] e o seu estado atual é retirado. A invenção da aplicação WO'359 PCT refere-se a processos para preparar a forma estável, processos para preparar as formulações farmacêuticas e métodos de utilização das formulações para tratar condições num sujeito que delas necessite. A invenção também se refere a novas formas polimórficas como Deferasirox Forma II, Forma III, Forma IV e Forma V de Deferasirox, Deferasirox Amorfo Forma I, Forma II, Forma III e Forma IV.

A invenção também é dirigida a outras formas polimórficas de Deferasirox que não são higroscópicas e são estáveis em formulações farmacêuticas, incluindo formulações que contêm uma quantidade significativa de excipientes que são eles próprios higroscópicos.

A forma anidra estável I do Deferasirox não é higroscópica e, de acordo com a invenção, aumenta de massa menos de cerca de 0,2% quando armazenada a cerca de 25°C durante cerca de 24 horas e a cerca de 80% de humidade relativa.

A invenção também é dirigida a um pó, compreendendo uma forma anidra estável de Deferasirox, substancialmente livre de outras formas de Deferasirox. O pó, a forma I do Deferasirox, tem pelo menos um pico selecionado do grupo constituído por: 1681±2, 1608±2, 1352±2, 1279±2 e 753±2 comprimento de onda/cm^{-1} , medido por espetroscopia de transformada de Fourier no infravermelho médio. A suspensão de partículas de Deferasirox anidro estável, em que o Deferasirox está substancialmente livre dos seus sais de adição ácida e em que o Deferasirox tem um tamanho médio de partícula de cerca de 0,5 pm a cerca de 10pm, em água ou outra bebida adequada para consumo humano.

Forma polimórfica II do Deferasirox caracterizada por apresentar um ou mais picos de difração de raios X em pó seleccionados de entre os seguintes (20): 6,5°±0,2°, 7,4°±0,2°, 10,8°±0,2°, 13,4°±0,2°, 14,8°±0,2°, 19,2°±0.2°, 21,7°±0,2° e 26,0°±0,2°, e caracterizada ainda por apresentar um ou mais picos adicionais de difração de raios X em pó seleccionados de entre os seguintes (20): 18,1°±0,2°, 19,7°±0,2°, 23,4°±0,2°, 24,6°±0,2°. A forma polimórfica II do Deferasirox caracteriza-se por ter um ponto de fusão, observado por análise DSC, a 228 °C ± 1 °C.

Forma polimórfica III do Deferasirox caracterizada por apresentar um ou ambos os seguintes picos característicos de difração de raios X em pó (20): 12,5°±0,2° ou 15,7°±0,2°. Forma polimórfica III do Deferasirox caracterizada por ter um ponto de fusão observado por análise DSC a 208 °C ± 1 °C.

Forma polimórfica IV do Deferasirox caracterizada por apresentar um ou mais picos característicos de difração de raios X em pó seleccionados de entre os seguintes (20): 10,4°±0,2°, 11,9°±0,2°, 15,0°±0,2°, 16,0°±0,2°, 21,6°±0,2°, e 22.0°±0.2°. A forma polimórfica IV do Deferasirox caracteriza-se por ter um pico de ponto de fusão observado, por análise DSC, a 202 °C ± 1° C.

Forma polimórfica V do Deferasirox caracterizada por apresentar um ou mais picos característicos de difração de raios X em pó seleccionados de entre os seguintes (20): 5,5°±0,2°, 11,0°±0,2°, 11,8°±0,2°.

O método de preparação das formas polimórficas II e III do Deferasirox inclui a fusão e o arrefecimento alternados do Deferasirox num ou mais ciclos e numa atmosfera inerte. O arrefecimento do Deferasirox fundido é efectuado até à temperatura ambiente em condições controladas, com uma taxa de arrefecimento de 10 a 50 °C/min, de preferência 20 a 40 °C/min. A atmosfera inerte preferida é o azoto. A forma polimórfica IV do Deferasirox é preparada por cristalização a partir de uma solução etanólica de Deferasirox com ácido sulfúrico.

A forma polimórfica V da preparação de Deferasirox compreendendo Deferasirox compreendendo sublimação de Deferasirox.

A invenção reivindica particularmente o Deferasirox amorfo e também diferentes formas de Deferasirox amorfo.

Forma amorfa I do Deferasirox caracterizada por ter um ponto de cristalização máximo, medido por calorimetria diferencial de varrimento, de 159,0°C ±1°C, idealmente ±0,5°C e por ter um início do ponto de cristalização, medido por calorimetria diferencial de varrimento, de 144,6°C ±1°C, idealmente ±0,5°C.

Forma amorfa II do Deferasirox caracterizada por ter um ponto de cristalização máximo, medido por calorimetria diferencial de varrimento, de 153,6° C ±1°C, idealmente ±0,5°C e início do ponto de cristalização, medido por calorimetria diferencial de varrimento, de 143,5°C ±1°C, idealmente ±0,5°C.

Forma amorfa III do Deferasirox caracterizada por não ter ponto de cristalização, conforme medido por calorimetria diferencial de varrimento, em qualquer ponto até 350°C.

Forma amorfa IV do Deferasirox caracterizada por ter um ponto de cristalização máximo, medido por calorimetria diferencial de varrimento, de 96,5 °C ±rC, idealmente ±0,5°C e início do ponto de cristalização, medido por calorimetria diferencial de varrimento, de 87,7°C ±1°C, idealmente ±0,5°C.

A invenção também prevê um processo de preparação de Deferasirox amorfo que inclui a fusão de uma amostra de Deferasirox e o seu arrefecimento até 20 °C. Idealmente, a fase de arrefecimento deve demorar menos de cinco minutos, idealmente menos de um minuto.

Breve descrição dos desenhos:

Figura-19	:	Espectros FTNIR do Deferasirox Forma I, registados num espetrofotómetro Bruker (MPA NIR Spectrophotometer) pela sonda de reflectância sólida com uma resolução de 8 cm^{-1}.
Figura-20	:	Espectros FTMID-IR do Deferasirox Forma I, registados num espetrofotómetro Perkin Elmer (Spectrum GX) na pastilha de KBr com uma resolução de 4 cm^{-1}.
Figura-21	:	Gráfico de dispersão de luz laser a baixo ângulo utilizado para a determinação do tamanho das partículas de Deferasirox Forma I.
Figura-22	:	Padrão de difração de raios X em pó da forma II do Deferasirox.

Figura-34	:	XRPD do Deferasirox forma amorfa IV do Deferasirox.
Figura-35	:	Espectros de XRPD das formas amorfas I, II, II e IV do Deferasirox.
Figura-36	:	Comparação dos espectros FTIR das formas amorfas I, II, III e IV do Deferasirox entre o número de onda 1800 e 1200 cm^{-1} .
Figura-37	:	Comparação dos espectros FTIR das formas amorfas I, II, III e IV do Deferasirox entre o número de onda 1220 e 400 cm^{-1} .

Figura-19

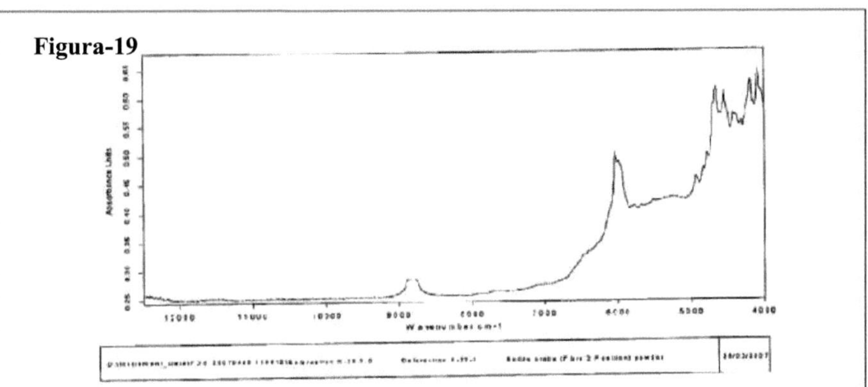

Figura-20

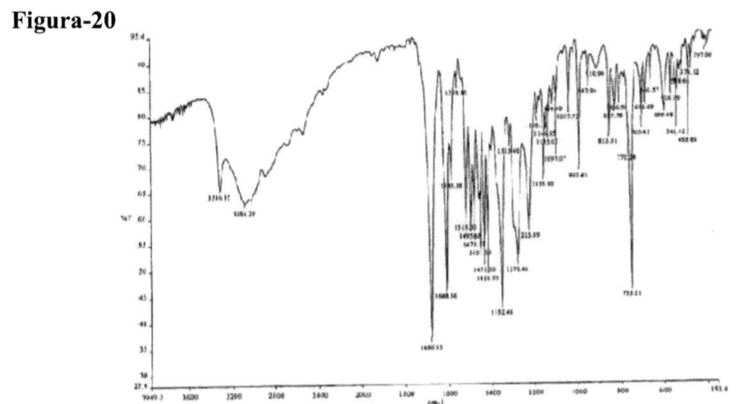

Figura-21

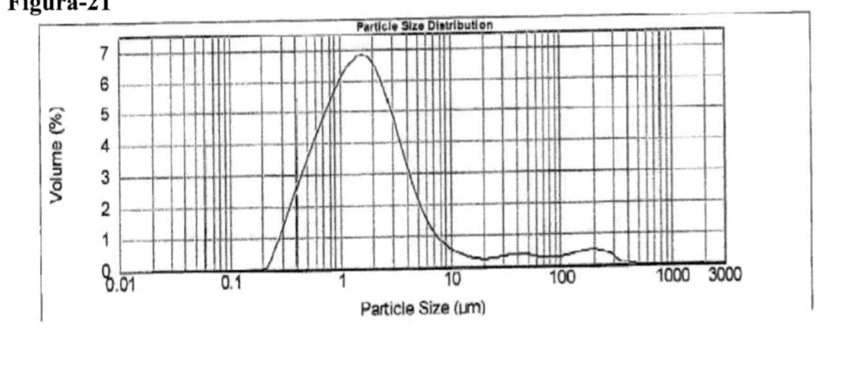

Figura-22

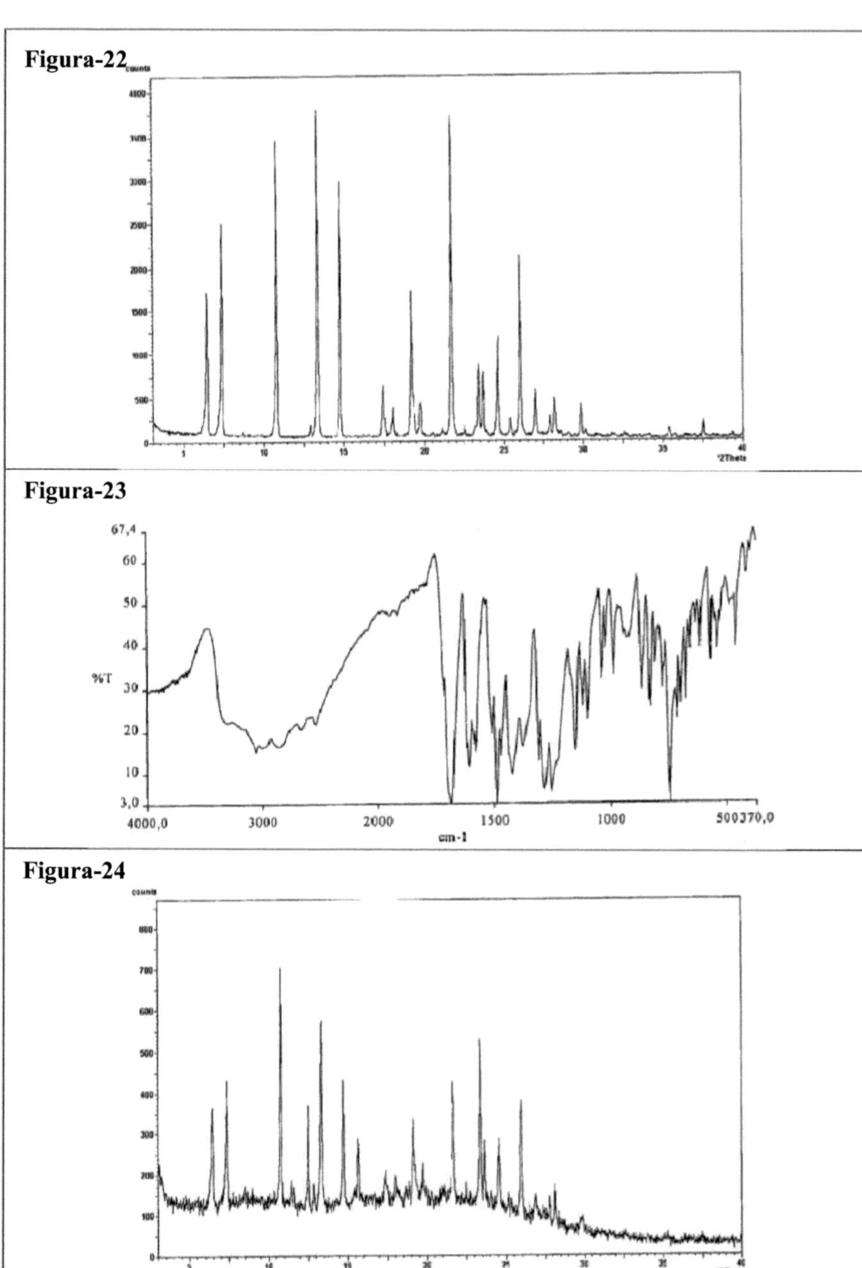

Figura-23

Figura-24

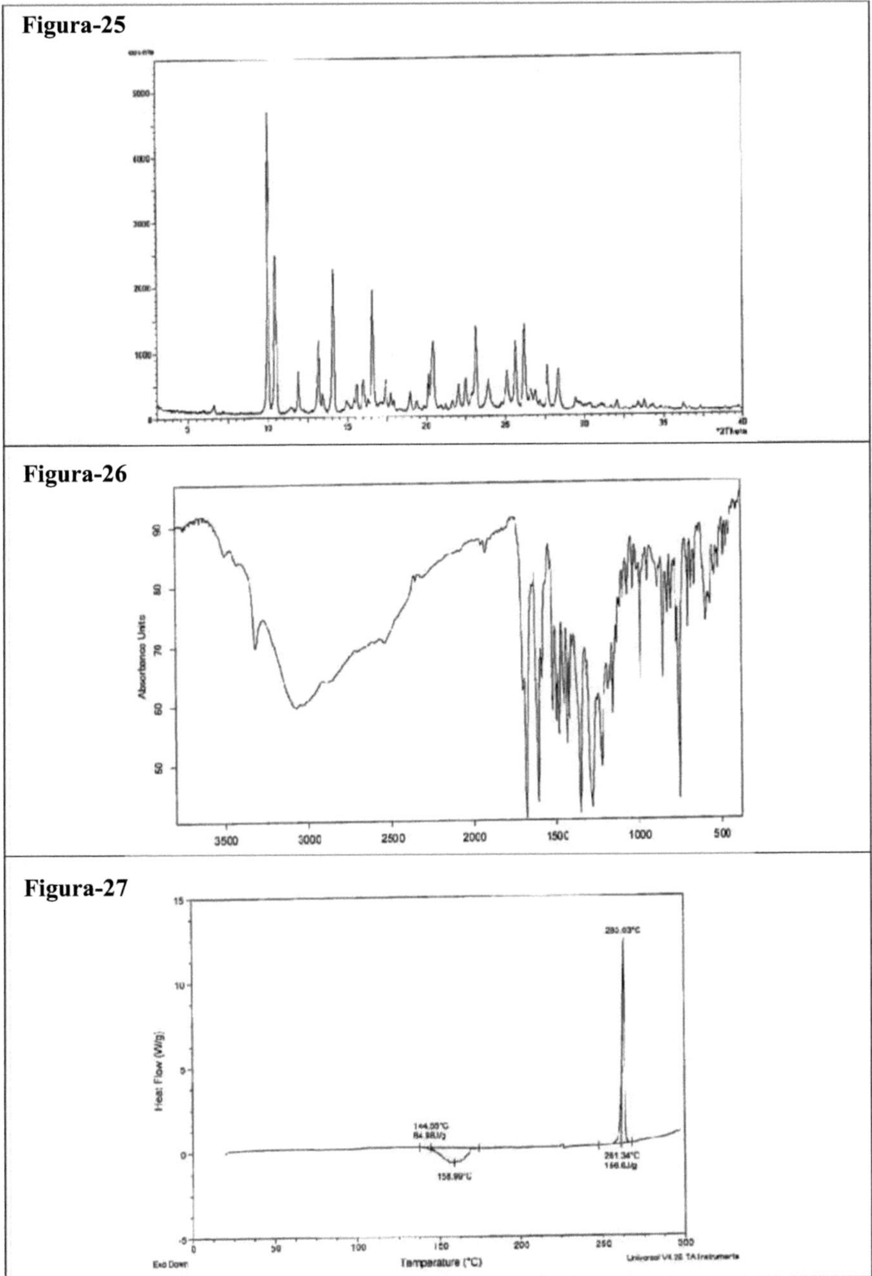

Figura-25

Figura-26

Figura-27

Figura-28

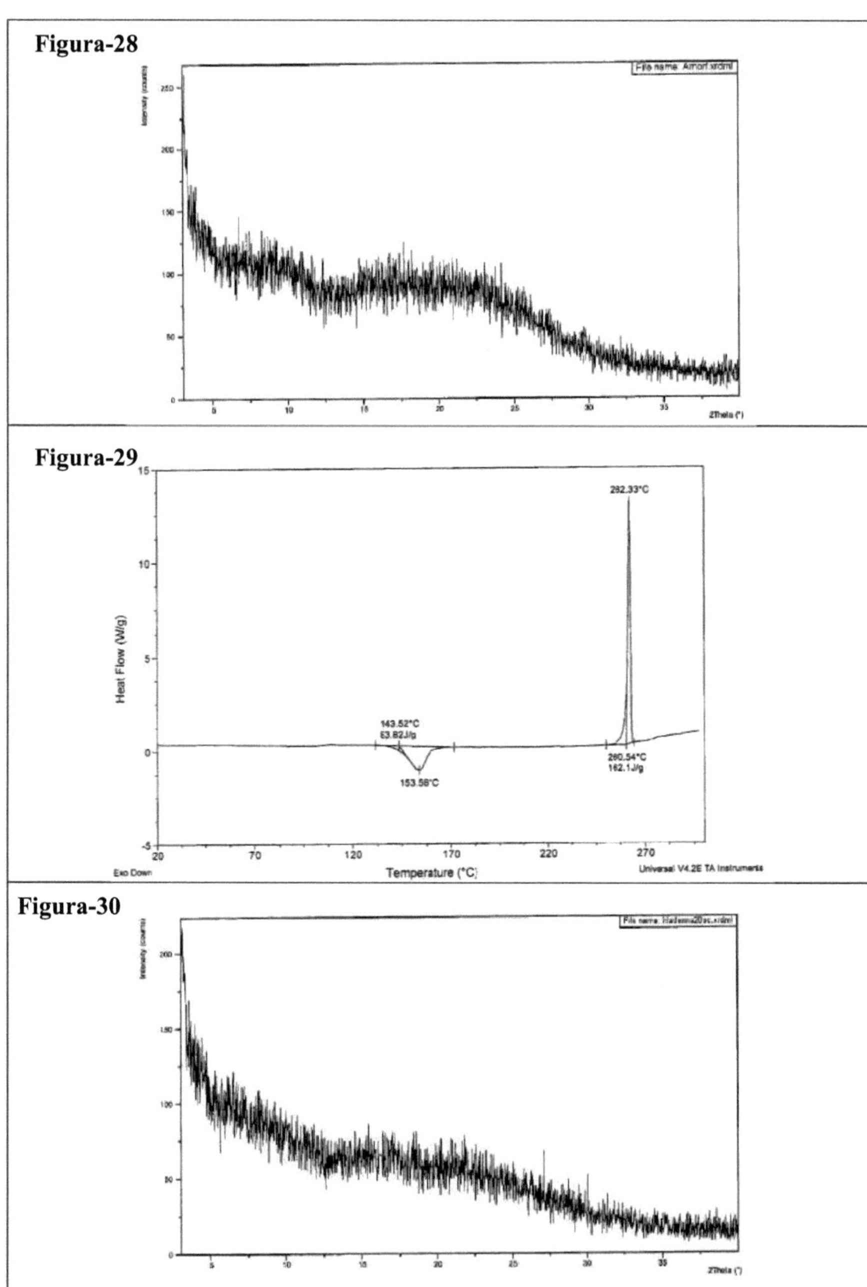

Figura-29

Figura-30

36

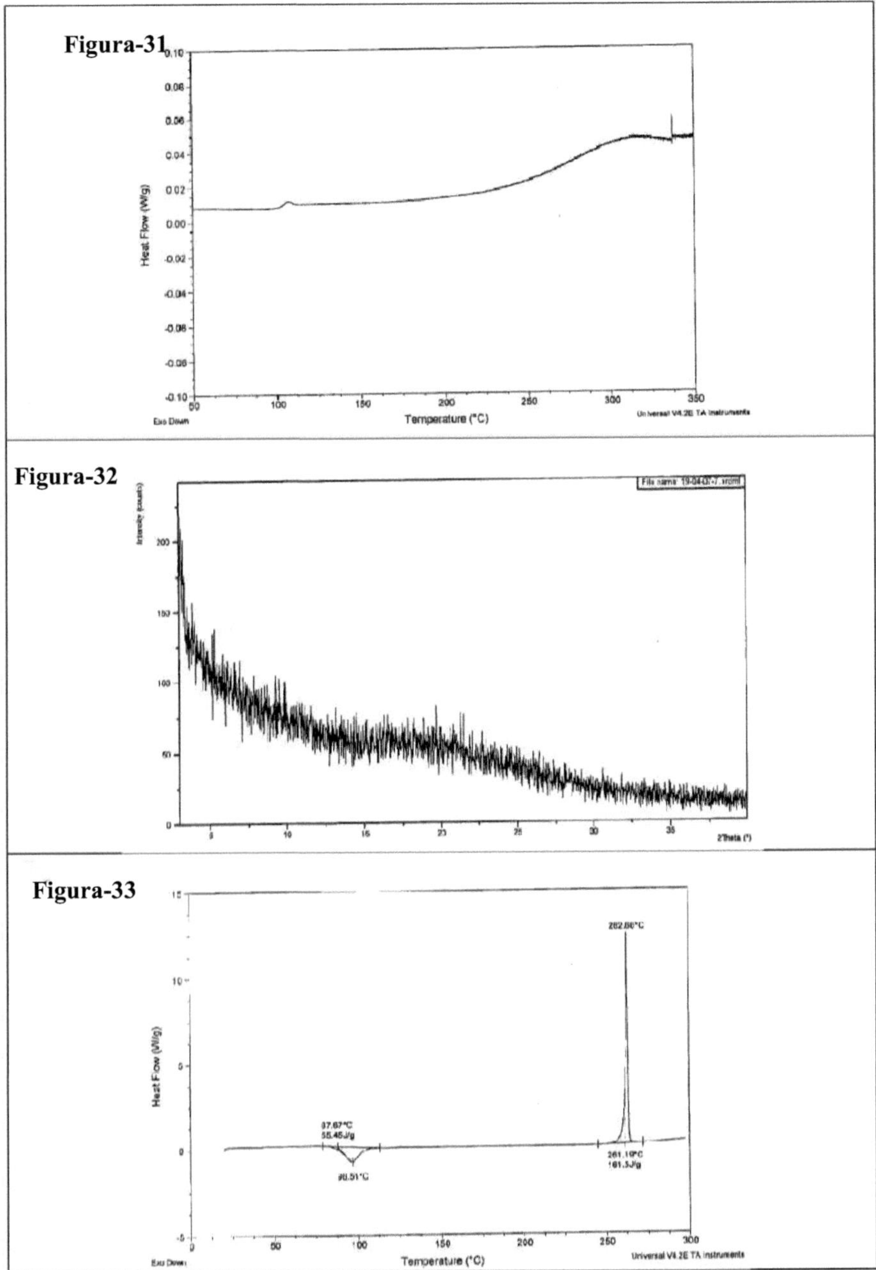

Figura-31

Figura-32

Figura-33

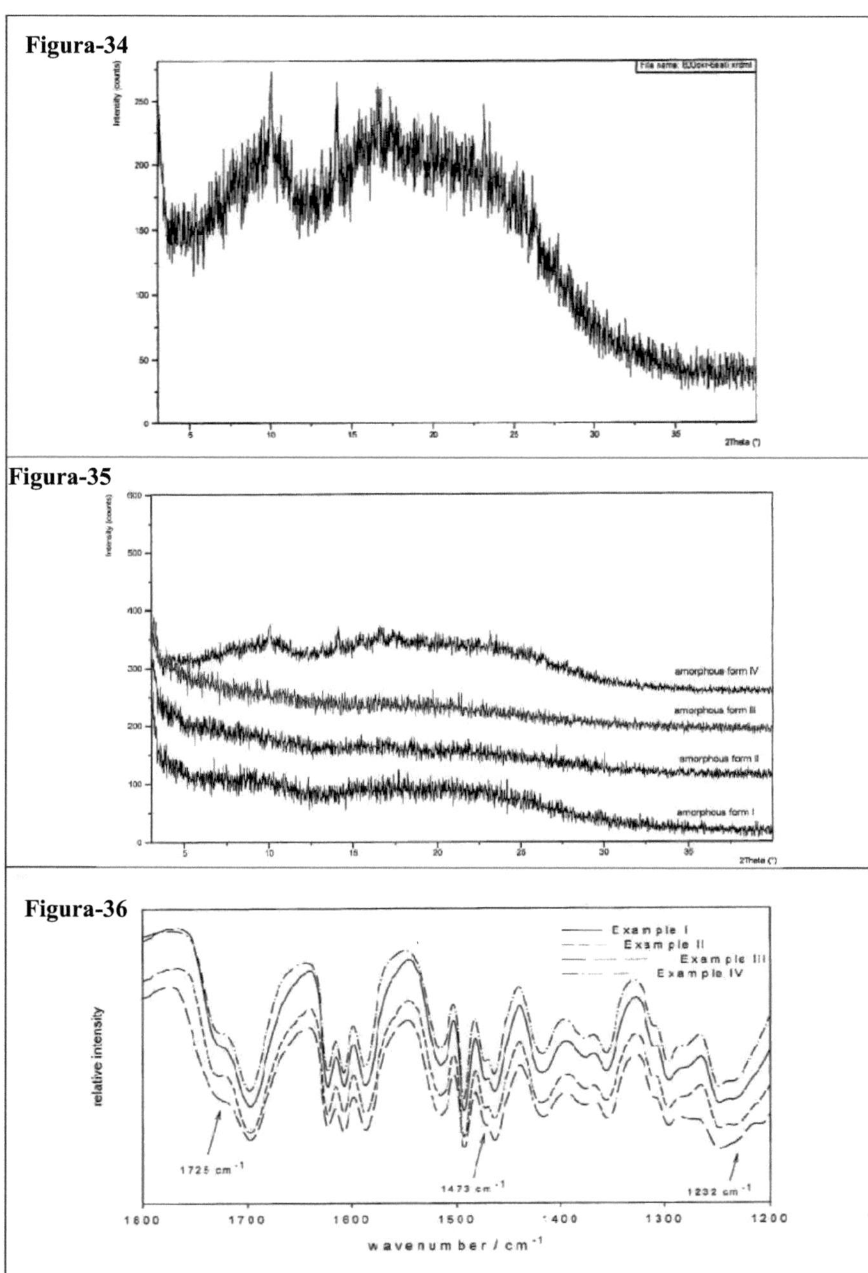

Figura-34

Figura-35

Figura-36

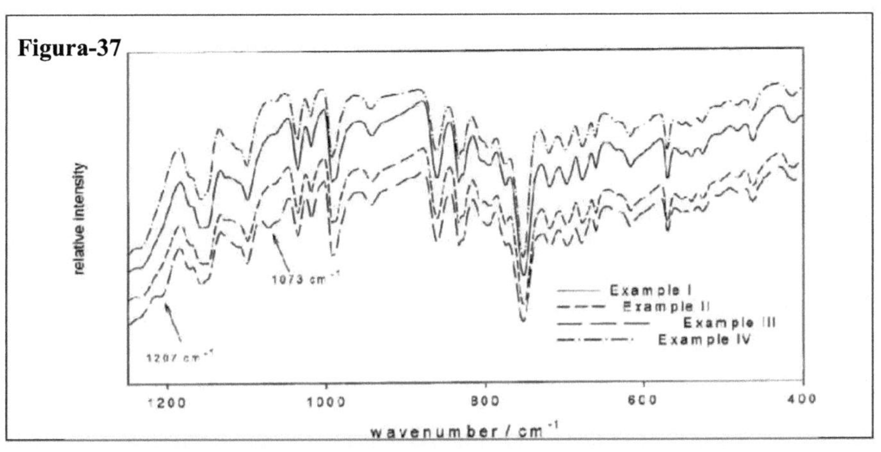

Figura-37

4_ WO2009130604 (a seguir designado por WO'604)		
Título	Formas no estado sólido de sais de Deferasirox e processo para a sua preparação	
Requerente	Grupo Actavis PTC EHF [IS]	
Data de apresentação	20-Abr-2009	
Dados prioritários	N.º de prioridade	Data de prioridade
	IN2008CHE964	21-Abr-2008

Estatuto jurídico	O pedido foi retirado (estatuto do EP2291360) Data de atualização: 28-Fev-2014
Equivalentes	WO2009130604 (A3) EP2291360 (A2) US2011097413 (A1)
Observações	

O pedido PCT WO2009130604 foi atribuído à Actavis e o seu estado atual é retirado do IEP. A invenção WO'604 diz respeito a novas formas de estado sólido de sais de Deferasirox, processos de preparação, composições farmacêuticas e métodos de tratamento dos mesmos. As formas de estado sólido incluem um sal de ácido 4-[3,5-Bis(2-hidroxifenil)-lH-1,2,4-triazol-l-il]benzoico (sal de Deferasirox), em que o sal de Deferasirox é um sal de trietilamina um sal de dimetilamina, um sal de terc-butilamina, um sal de sódio (Na^+), um sal de potássio (K^+), um sal de magnésio (Mg^{2+}), um sal de cálcio (Ca^{2+}) ou um sal de zinco (Zn^{2+}).

As formas cristalinas dos sais de Deferasirox são estáveis, consistentemente reprodutíveis e são particularmente adequadas para preparação e manuseamento a granel. Além disso, as formas cristalinas dos sais de Deferasirox são intermediários úteis na preparação de Deferasirox ou de um sal farmaceuticamente aceitável do mesmo com elevada pureza.

As formas cristalinas dos sais de Deferasirox têm boas propriedades de fluxo e são muito mais estáveis à temperatura ambiente, a temperaturas mais elevadas, a humidades relativamente altas e em meios aquosos. As novas formas cristalinas dos sais de Deferasirox são adequadas para a formulação de Deferasirox.

A forma sólida do sal sódico de Deferasirox é caracterizada por um padrão de difração de raios X em pó com picos a cerca de 5,27, 10,27, 10,60, 13,71 e 20,40 ± 0,2 graus 2-teta; e com picos adicionais a cerca de 9,21, 11,26, 11,81, 19,24, 22,29, 22,89, 23,32, 26,17 e 27,60 ± 0,2° 2θ. Espectro de IV com bandas de absorção a cerca de 3224, 1623, 1561, 1470, 1391, 1293, 1245, 1161, 1150, 832, 791 e 750 ± 2 cm^{-1}.

A forma sólida do sal de potássio de Deferasirox é caracterizada por um padrão de difração de raios X em pó com picos a cerca de 4,29, 10,14, 10,89, 15,02, 23,96 e 27,64 ± 0,2 graus 2-

teta e com picos adicionais a cerca de 8,57, 9,79,12,30, 15,88, 18,81 e 27,88 ± 0,2° 20.

Espectro de IV com bandas de absorção a cerca de 3231, 1624, 1609, 1564, 1494, 1472, 1388, 1247, 1164, 1149, 832, 789 e 750 ± 2 cm^{-1}.

A forma sólida do sal de magnésio Deferasirox é caracterizada por um padrão de difração de raios X em pó com picos em cerca de 5,19, 10,49, 13,87, 20,48, 22,96, 27,36 e 31,68 ± 0,2° 20 e com picos adicionais em cerca de 8,19, 9,48, 18,43, 21,10 e

28.18 ± 0.2 o 20. Espectro de IV com bandas de absorção a cerca de 3368, 3246, 1622, 1603, 1555, 1494, 1464, 1391, 1244, 1165, 1153, 834, 785 e 749 ± 2 cm^{-1}.

A forma sólida do sal de cálcio Deferasirox é caracterizada por um padrão de difração de raios X em pó padrão de difração de raios X em pó padrão de difração de raios X em pó com picos a cerca de 5,18, 9,18, 13,65, 20,32, 21,33 e 26,85 ± 0,2° 20 e com picos adicionais a cerca de 7,98, 10,22, 11,48, 15,65, 17,68, 17,97, 22,18, 22,72, 23,16, 24,43 e 27,84 ± 0,2 graus 2-theta. Espectro de IV com bandas de absorção a cerca de 3170, 1624, 1598, 1563, 1472, 1407, 1360, 1293, 1245, 1164, 1151, 833, 790 e 750 ± 2 cm^{-1}.

A forma sólida do sal de zinco Deferasirox é caracterizada pelo padrão de difração de raios X em pó com picos a cerca de 7,69, 9,52, 10,0, 10,51,16,54 e 25,62 ± 0,2 graus 2-teta e com picos adicionais a cerca de 3,95, 13,13,14,05, 15,40, 16,30, 17,43, 17,71, 18,95, 20,31, 23,13 e 26,22 ± 0,2 o 20. Espectro de IV com bandas de absorção a cerca de 3317, 1680, 1607, 1517, 1479, 1461, 1431, 1416, 1352, 1279, 1224, 991, 850 e 752 ± 2 cm^{-1}.

A forma sólida do sal de trietilamina do Deferasirox é caracterizada por um padrão de difração de raios X em pó com picos de cerca de 8,29, 13,46, 15,24,15,44, 16,43, 19.92, 20.69, 22.65, 22.82 e 26.03 ± 0.2 o 20 e com picos adicionais a cerca de 6.28, 9.95,12.36, 17.45, 18.78, 23.28, 23.63, 24.30, 25.42 e 27.22 ± 0.2 graus 2-teta. Espectro de IV com bandas de absorção a cerca de 3267, 2983, 1620, 1608, 1587,1477, 1453, 1352, 1337, 1277, 1234, 1156, 1034, 994, 860, 829, 786 e 755 ± 2 cm^{-1}.

A forma sólida do sal de Deferasirox dimetilamina é caracterizada por um padrão de difração de raios X em pó com picos a cerca de 9,64, 10,23, 17,28,17,95, 20,94, 21,97, 22,28 e 27,57 ± 0,2 o 20 e com picos adicionais a cerca de 14,90, 16,49, 26,76, 27,22 e 27,57 ± 0,2 graus 2-teta. Espectro de IV com bandas de absorção a cerca de 3422, 3202, 1625, 1604, 1514, 1484, 1462, 1378, 1355, 1296, 1270, 1245, 1117, 823, 786, 761 e 744 ± 2 cm^{-1}.

A forma sólida do sal de terc-butilamina do Deferasirox é caracterizada por um padrão de difração de raios X em pó com picos a cerca de 4,44, 8,91, 9,97, 18,50 e 20,07 ± 0,2 graus 2-

teta e com picos adicionais a cerca de 6,29, 13,41,17,93 e 18,99 ± 0,2° 2θ. Espectro de IV com bandas de absorção a cerca de 3404, 3239, 1623, 1607, 1582, 1543, 1528, 1460, 1366, 1297, 1282, 1242, 1217, 1166, 1155, 835, 791 e 754 ±2 cm^{-1} .

Forma sólida do sal de Deferasirox, em que o sal de Deferasirox é um sal de trietilamina, um sal de dimetilamina, um sal de terc-butilamina, um sal de sódio (Na$^+$), um sal de potássio (K$^+$), um sal de magnésio (Mg^{2+}), um sal de cálcio (Ca^{2+}) ou um sal de zinco (Zn^{2+}), tem uma dimensão das partículas D_{90} inferior ou igual a cerca de 500 mícrones, especificamente inferior ou igual a cerca de 300 mícrones, mais especificamente inferior ou igual a cerca de 100 mícrones, ainda mais especificamente inferior ou igual a cerca de 60 mícrones, e mais especificamente inferior ou igual a cerca de 15 mícrones.

As dimensões das partículas da forma sólida do sal de Deferasirox são produzidas por um processo mecânico de redução da dimensão das partículas, que inclui qualquer um ou mais métodos de corte, fragmentação, esmagamento, moagem, trituração, micronização, trituração ou outros métodos de redução da dimensão das partículas conhecidos na arte, para levar a forma sólida à gama de dimensões de partículas desejada.

Um processo geral para a preparação de Deferasirox cristalino compreende:

a) fornecer uma primeira solução ou uma suspensão de Deferasirox num primeiro solvente; b) combinar a primeira solução ou suspensão com uma base para produzir uma segunda solução; e c) se necessário, remover substancialmente o primeiro solvente da segunda solução para obter um resíduo; e d) dissolver o resíduo obtido na etapa-(c) num segundo solvente para produzir uma terceira solução; e) Se necessário, combinar a solução de sal de Deferasirox obtida na etapa b) ou na etapa d) com um sal metálico adequado para produzir uma massa reacional; e f) Isolar e/ou recuperar a forma cristalina do sal de Deferasirox da segunda solução obtida na etapa b) ou da terceira solução obtida na etapa d) ou da massa reacional obtida na etapa e).

Breve descrição dos desenhos:

Figura-38	Padrão de difração de raios X em pó (XRD) do sal de sódio cristalino do Deferasirox.

Figura-48	Padrão de difração de raios X em pó (XRD) do sal cristalino de trietilamina do Deferasirox.
Figura-49	Espectro de infravermelhos (IV) do sal cristalino de trietilamina do Deferasirox.
Figura-50	Padrão de difração de raios X em pó (XRD) do sal cristalino de Deferasirox dimetilamina.
Figura-51	Espectro de infravermelhos (IV) do sal cristalino de Deferasirox dimetilamina.
Figura-52	Padrão de difração de raios X em pó (XRD) do sal cristalino de terc-butil amina do Deferasirox.
Figura-53	Espectro de infravermelhos (IV) do sal cristalino de terc-butilamina do Deferasirox.

Figura-38

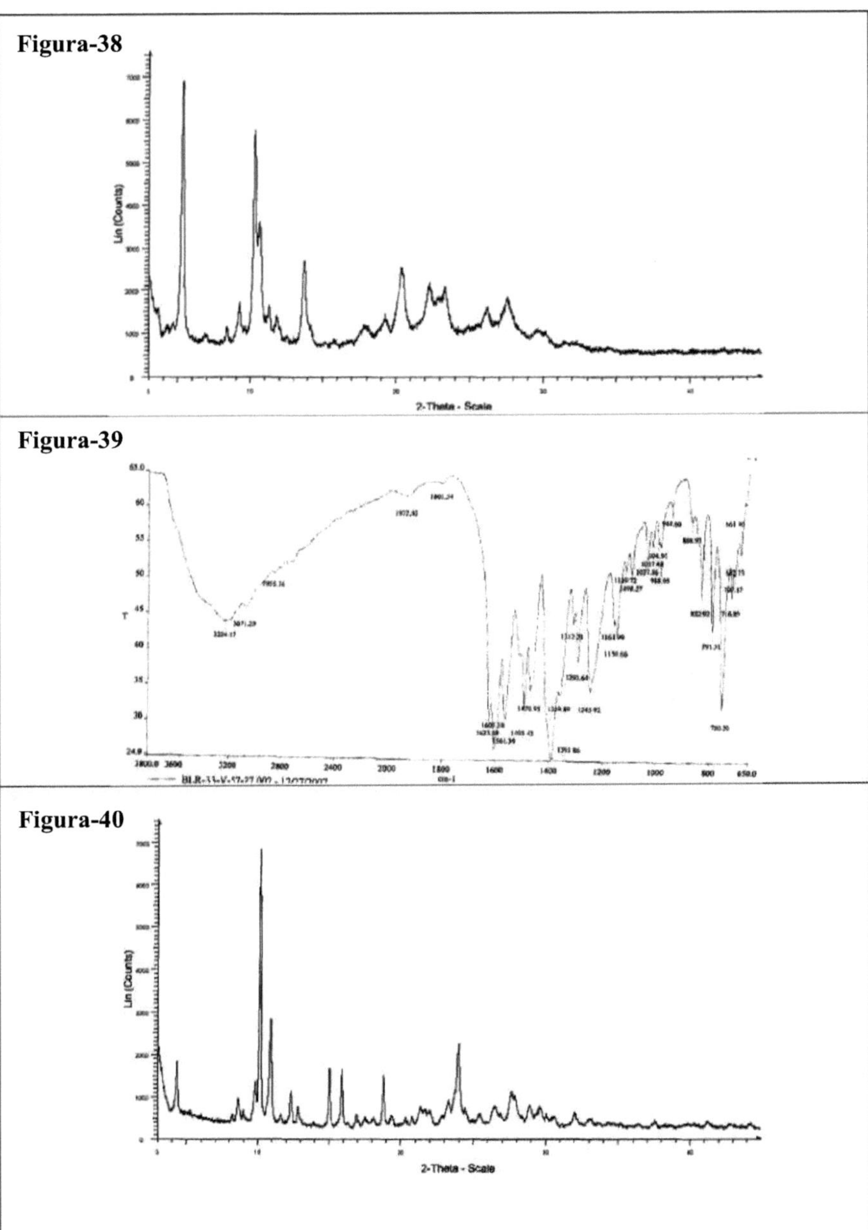

Figura-39

Figura-40

Figura-41

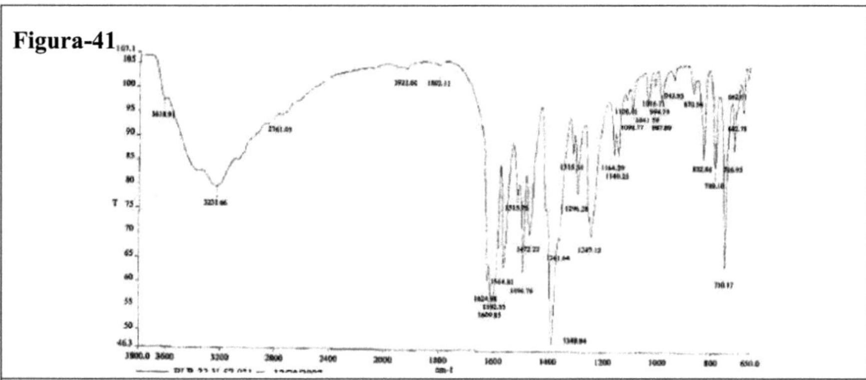

Figura-42

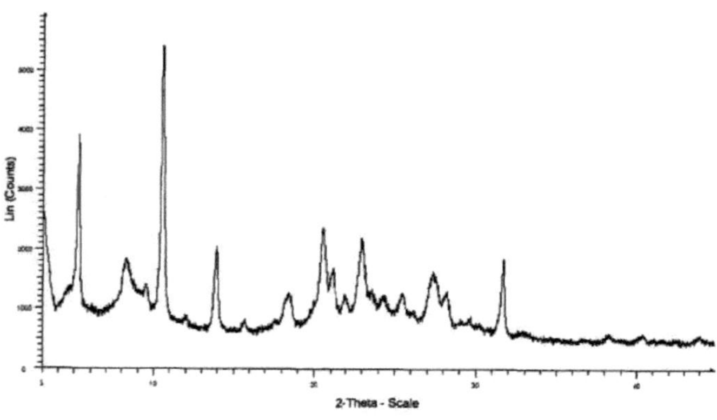

Figura-43

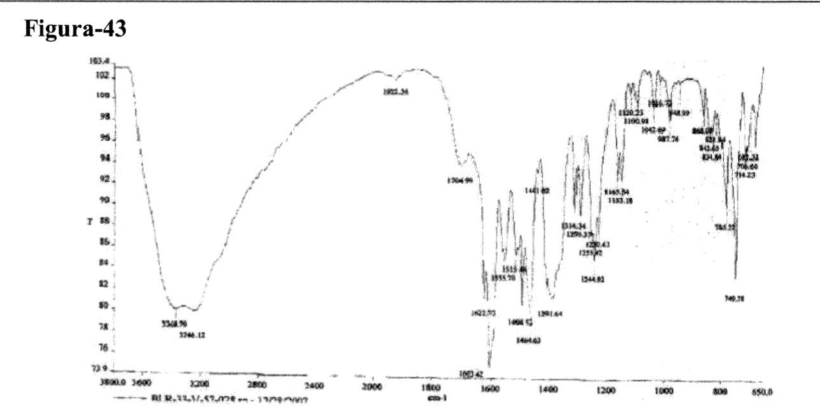

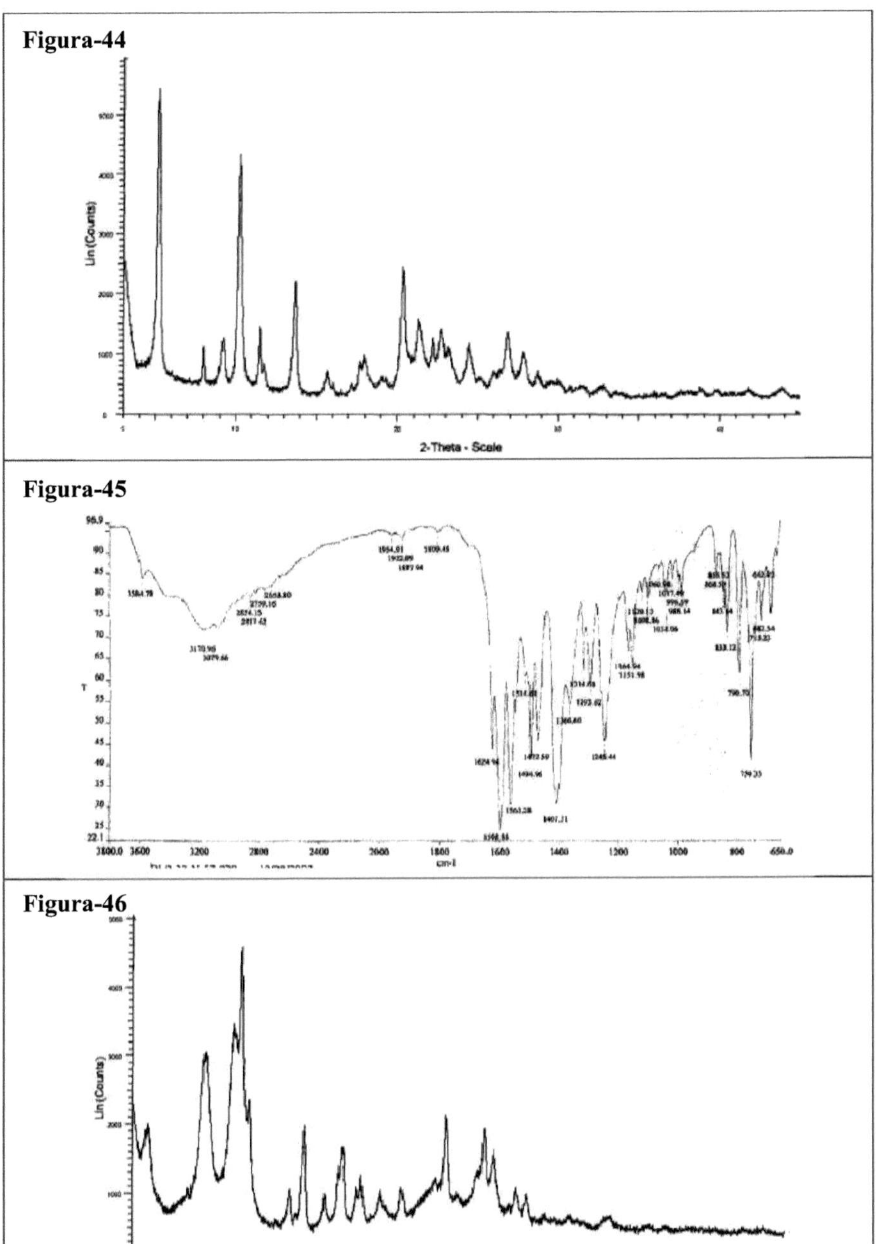

Figura-44

Figura-45

Figura-46

Figura-47

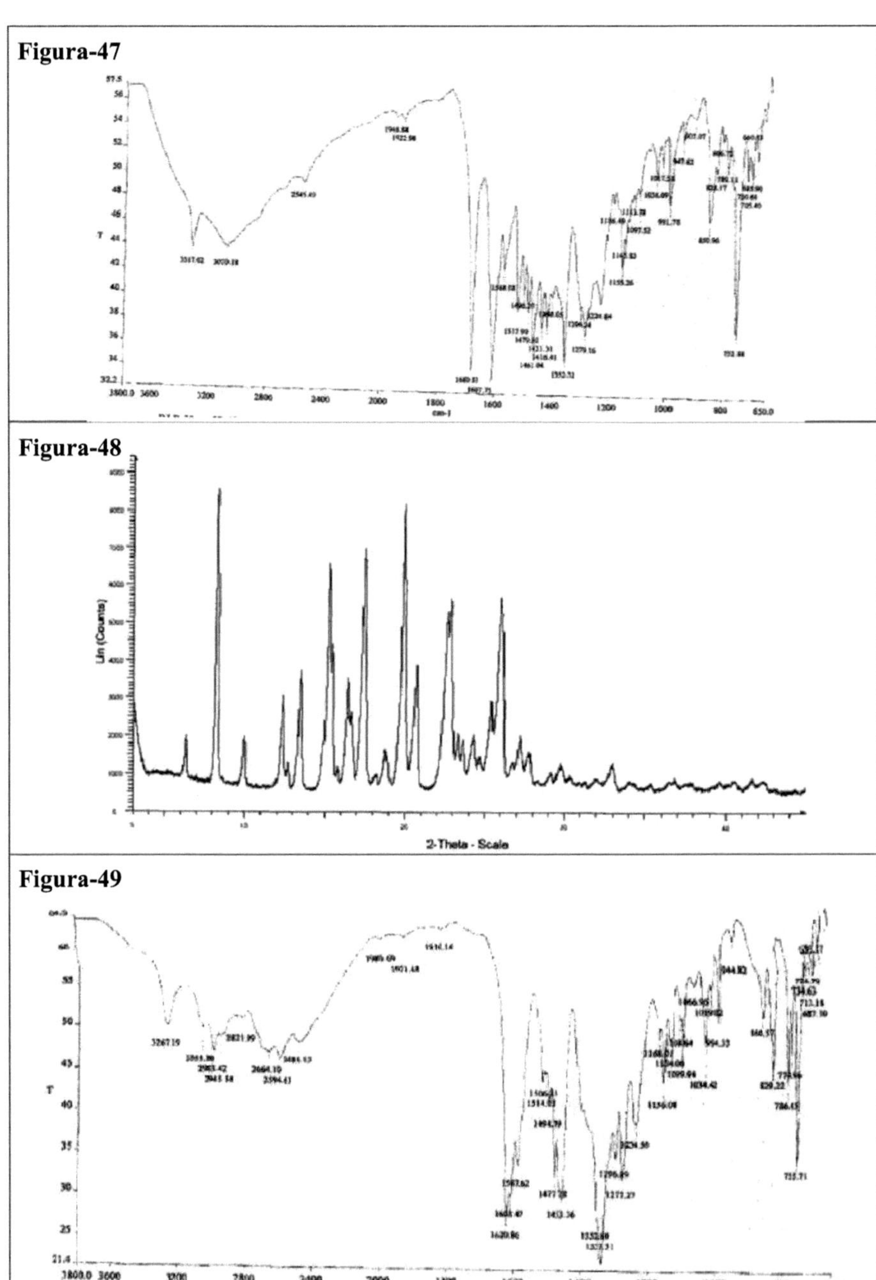

Figura-48

Figura-49

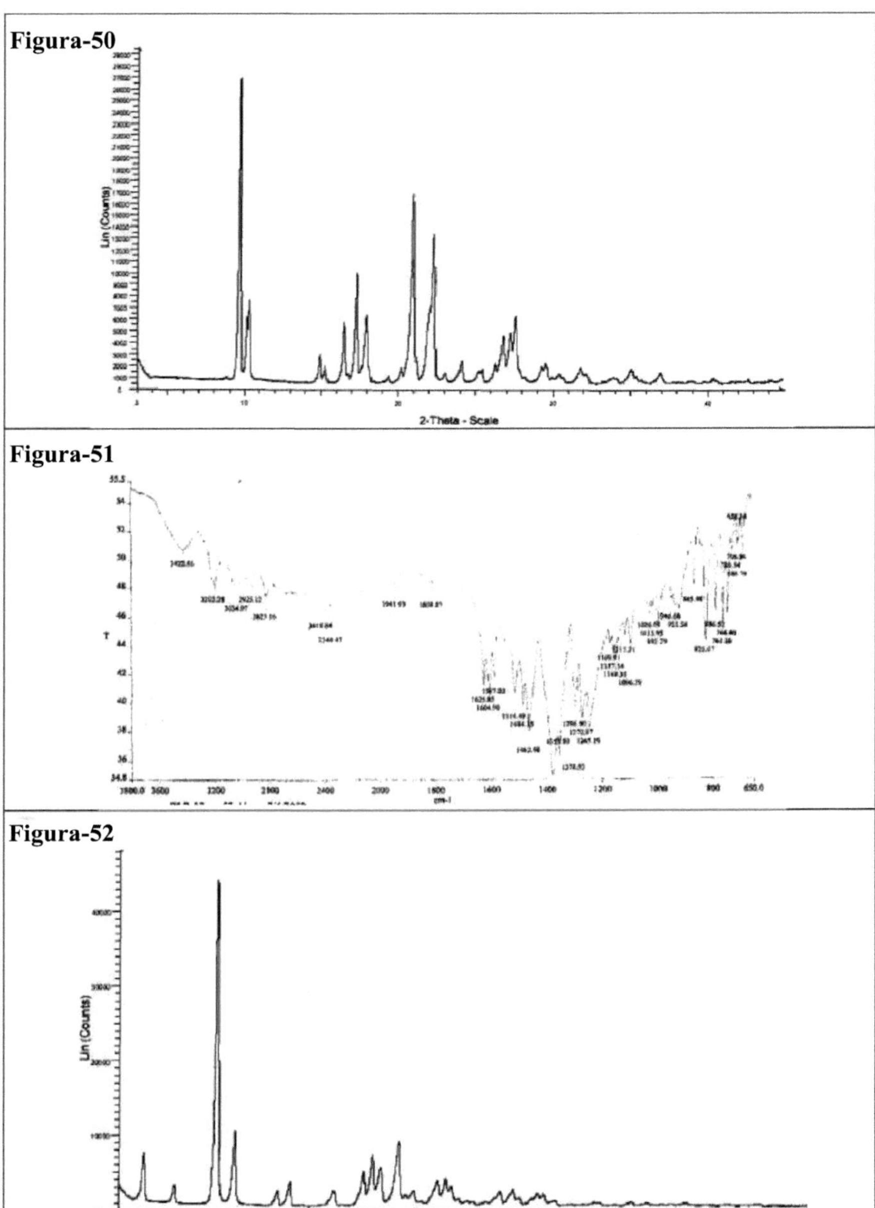

Figura-50

Figura-51

Figura-52

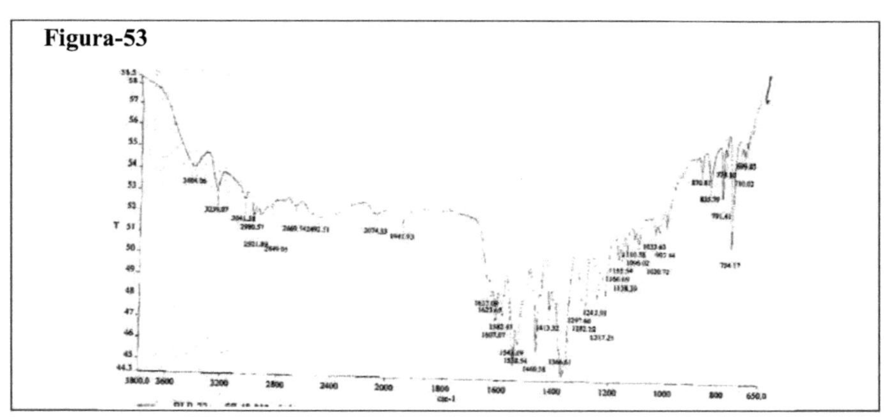

5_ WO2011070560 (a seguir designado por WO'560)	
Título	Processos para a preparação de Deferasirox e polimorfos de Deferasirox
Requerente	Mapi pharma hk ltd [CN]
Data de apresentação	28-Jan-2010
Dados prioritários	**N.º de prioridade** / **Data de prioridade** US20090267096P / 7-Dez-2009
Estatuto jurídico	Patente concedida (Situação da EP2509423)
Equivalentes	AU2010329487 (A1) BR112012013710 (A2) CA2781821 (A1) CN102638985 (A) EP2509423 (A1) EP2509423 (A4) EP2509423 (B1) JP2013512893 (A) MX2012006434 (A) US2012245361

	(A1) US8772503 (B2)
Observações	- - - -

O pedido PCT WO2011070560 foi atribuído à Mapi Pharma (CN) e o seu estado atual é de patente concedida (estado para EP2509423). A invenção WO'560 PCT refere-se à forma amorfa do Deferasirox e ao seu processo, ao Deferasirox hemihidratado cristalino (Forma II) e ao seu processo, ao Deferasirox hemi-DMSO solvatado cristalino (Forma V) e ao seu processo, ao Deferasirox mono-DMF solvatado cristalino (Forma VI) e ao seu processo. A invenção também diz respeito a um processo de solvato cristalino de Deferasirox hemi-DMF (Forma III) e solvato cristalino de Deferasirox mono-THF (Forma IV), além disso, o inventor também forneceu dados de caraterização XRPD para ambas as formas.

Forma amorfa do Deferasirox caracterizada por um perfil DSC com um pico exotérmico a cerca de 140 °C e um pico endotérmico a cerca de 260 °C.

Um processo de preparação de um Deferasirox amorfo que compreende as etapas de:

a) aquecer um Deferasirox, de preferência Deferasirox Forma I, até à fusão; e

b) arrefecimento rápido do Deferasirox fundido obtido na etapa a), de modo a obter Deferasirox amorfo.

Um Deferasirox hemi-hidratado cristalino (Forma II) com um padrão de difração de raios X em pó com picos de difração em valores 2-teta de cerca de $10,0\pm0,1$, $10,4\pm0,1$, $11,9\pm0,1$, $13,4=1=0.1$, 13.7 ± 0.1, $15.6=1=0.1$, 17.3 ± 0.1, $17.9=1=0.1$, 19.1 ± 0.1, $20.U0.1$, 22.0 ± 0.1, 22.6 ± 0.1, 22.9 ± 0.1, 24.7 ± 0.1, 25.6 ± 0.1, $26.6=1=0.1$, $27.0=1=0.1$, 27.7 ± 0.1, $29.1=1=0.1$, e 32.7 ± 0.1. Caracterizado ainda por um perfil DSC com picos endotérmicos a cerca de 53 °C e cerca de 260 °C.

Processo de preparação de um Deferasirox hemi-hidratado cristalino (Forma II), incluindo as etapas de:

a) dissolver o Deferasirox, de preferência a forma I do Deferasirox, num solvente selecionado de DMF e DMSO, sendo a fase de dissolução conduzida de preferência sob ação do calor; e

b) adicionar água como anti-solvente para precipitar o Deferasirox Forma II,

Um solvato cristalino de Deferasirox hemi-DMSO (Forma V) com um padrão de difração de raios X em pó com picos de difração a valores 2-teta de cerca de 6,6±0,1, 10,2±0,1, 10.7±0.1, 13.3±0.1, 14.2±0.1, 15.0±0.1, 15.5±0.1, 16.7±0.1, 17.5±0.1, 17.8±0.1, 19.0.0±0.1, 19.7±0.1, 20.4±0.1, 21.6±0.1, 22.6±0.1, 23.2±0.1, 23.9±0.1, 25.2±0.1, 25.8±0.1, 26.2±0.1, 27.3±0.1, 27.7±0.1, 28.5±0.1, 31.2±0.1, 33.5±0.1, 33.8±0.1, e 34.3±0.1. Caracterizado ainda por um perfil DSC com picos endotérmicos a cerca de 89 °C e cerca de 260 °C.

Um processo para preparar um solvato cristalino de Deferasirox hemi-DMSO (Forma V) que compreende as etapas de:

(a) dissolver o Deferasirox, de preferência a forma I do Deferasirox, numa mistura de solventes selecionada de DMSO:DMF e DMSO:THF, sendo a fase de dissolução preferencialmente conduzida a quente; e

(b) evaporar o solvente para precipitar o Deferasirox Forma V.

Um solvato mono-DMF de Deferasirox cristalino (Forma VI) com um padrão de difração de raios X em pó com picos de difração em valores 2-teta de cerca de 5,3±0,1, 9,9±0,1, 10,3±0.1, 10.6±0.1, 16.0=1=0.1, 16.6=1=0.1, 18.8±0.1, 20.0±0.1, 20.7±0.1, 21.4±0.1, 22.7±0.1, 24.0±0.1, 25.7±0.1, 26.8±0.1, 30.1±0.1, 32.3±0.1, 33.6=1=0.1 e 33.9±0.1. Caracterizado ainda por um perfil DSC com picos endotérmicos a cerca de 117 °C, cerca de 125 °C e cerca de 260 °C.

Processo de preparação de um solvente cristalino de Deferasirox mono-DMF (forma VI) que inclui as etapas de:

(a) fornecendo uma suspensão de Deferasirox, de preferência Deferasirox Fonn I, numa mistura de solventes constituída por 2-metil THF:DMF;

(b) agitação da suspensão; e

(c) filtragem para fornecer o formulário VI do Deferasirox.

Um processo para preparar um solvato cristalino de Deferasirox hemi-DMF (Forma III) com um padrão de difração de raios X em pó com picos de difração a valores 2-teta de cerca de 9,8±0,1 e 16,5±0,1, o processo que compreende as etapas de:

(a) fornecendo uma suspensão de Deferasirox, de preferência Deferasirox Forma I em DMF;

(b) agitar a suspensão; e

(c) filtragem para obter a forma III do Deferasirox. Neste caso, o solvato cristalino de Deferasirox hemi-DMF é caracterizado por um padrão de difração de raios X em pó com picos de difração a valores 2-teta de cerca de 2,9±0,1, 9,1±0,1, 9,8±0,1, 10,1±0,1,

10,5±0,1, 11,6±0,1 ,12,5±0,1, 14,4±0,1, 14,8±0,1, 15,4±0,1,

15.8 ±0.1, 16.5±0.1, 17.5±0.1, 18.0±0.1, 18.7±0.1, 19.8±0.1, 20.5±0.1,

21.4 ±0.1, 22.4±0.1, 23.1±0.1, 23.8±0.1, 24.3±0.1, 25.0±0.1, 25.6±0.1,

26.6 ±0.1, 28.0±0.1, 31.1±0.1, 32.1±0.1, 33.5±, 36.0±0.1, and

36.8 ±0.1. Caracterizado ainda por um perfil DSC com picos endotérmicos a cerca de

114 °C e cerca de 260 °C.

Um processo para preparar um solvato mono-THF de Deferasirox cristalino (Forma IV) com um padrão de difração de raios X em pó com picos de difração a valores 2-teta de cerca de 19,8±0,1 e 24,2±0,1, o processo que compreende as etapas de:

(a) fornecendo uma suspensão de Deferasirox, de preferência Deferasirox Forma I em THF;

(b) agitar a suspensão; e

(c) filtragem para obter a forma IV do Deferasirox. Neste caso, o solvato mono-THF de Deferasirox cristalino é caracterizado por um padrão de difração de raios X em pó com picos de difração a valores 2-teta de cerca de 6,8±0,1, 10,0±0,1, 10,6±0,1, 11,8±0,1, 13,5±0,1, 15,2±0,1, 16,6±0,1, 17,7±0,1, 19,2±0,1,19, 8±0,1, 20.1±0.1, 20.8±0.1, 21.9±0.1, 22.4±0.1, 24.2±0.1, 24.7±0.1, 25.6±0.1, 26.0±0.1, 27.4±0.1, 28.3±0.1, 29.4±0.1, 31.1±0.1, 34.4±0.1, 37.6±0.1, 38,4±0,1 e 38,8±0,1. Caracterizado ainda por um perfil DSC com picos endotérmicos a cerca de 97°C e cerca de 260°C.

Breve descrição das figuras:

Figura-54:	Padrão de difração de raios X da forma cristalina I do Deferasirox.
Figura-55:	Perfil de Calorimetria Exploratória Diferencial (DSC) da forma cristalina I do Deferasirox.
Figura-56:	Perfil da análise termogravimétrica (TGA) da forma cristalina I do Deferasirox.
Figura-57:	Padrão de difração de raios X da forma cristalina II do Deferasirox (hemi-hidrato).

Figura-58	:	Perfil de Calorimetria Exploratória Diferencial (DSC) da forma cristalina II do Deferasirox (hemi-hidrato).
Figura-59	:	Perfil da análise termogravimétrica (TGA) da forma cristalina II do Deferasirox (hemi-hidrato).
Figura-60		Padrão de difração de raios X da Forma II cristalina de Deferasirox (hemi-hidrato), antes (60C) e após secagem a 60°C durante lh (60B). Também são mostrados para comparação os padrões de difração de raios X da Forma I do Deferasirox (60D), designada "DFX-API", e da Forma II do Deferasirox após secagem a 25°C durante 48h (60A).
Figura-61		Perfil de Calorimetria Exploratória Diferencial (DSC) da Forma II cristalina de Deferasirox (hemi-hidrato), antes (61C; peso 1,1740mg) e após secagem a 60°C durante lh (61B; peso 2,1120mg). Também são mostrados para comparação os perfis de Calorimetria Exploratória Diferencial da Forma I do Deferasirox (61D; peso 4,3050mg), designada "DFX-API", e da Forma II do Deferasirox após secagem a 25°C durante 48h (61A; peso 1,6420mg).
Figura-62	:	Padrão de difração de raios X da forma cristalina III do Deferasirox (solvato hemi-DMF).
Figura-63	:	Perfil de Calorimetria Exploratória Diferencial (DSC) da forma cristalina III do Deferasirox (solvato hemi-DMF).

Figura-64 :	Perfil da análise termogravimétrica (TGA) da forma cristalina III de Deferasirox (solvato de hemi-DMF).
Figura-65 :	Perfil de Ressonância Magnética Nuclear (RMN) da forma cristalina III do Deferasirox (solvato hemi-DMF).
Figura-66	Padrão de difração de raios X da Forma III cristalina de Deferasirox (solvato hemi-DMF), antes (66B) e após secagem a 120°C durante 1 hora (66A). Também se mostra, para comparação, o padrão de difração de raios X da Forma I do Deferasirox (66C), designado "DFX-API".
Figura-67	Perfil de Calorimetria Exploratória Diferencial (DSC) da Forma III cristalina de Deferasirox (solvato hemi-DMF), antes (67B; peso 2,3200mg) e após secagem a 120°C durante 1 hora (67C; peso 4,0990mg). Também é mostrado para comparação o perfil de Calorimetria Exploratória Diferencial do Deferasirox Forma I (67A; peso 4,3050mg), designado "DFX-API".
Figura-68 :	Padrão de difração de raios X da forma cristalina IV do Deferasirox (solvato mono-THF).
Figura-69 :	Perfil de Calorimetria Exploratória Diferencial (DSC) da forma cristalina IV do Deferasirox (solvato mono-THF).
Figura-70 :	Perfil da análise termogravimétrica (TGA) da forma cristalina IV do Deferasirox (solvato mono-THF).

Figura-71	:	Perfil de ressonância magnética nuclear (RMN) da forma cristalina IV do Deferasirox (solvato mono-THF).
Figura-72		Padrão de difração de raios X da Forma IV cristalina do Deferasirox (solvato mono-THF), antes (72B) e após secagem a 120°C durante 1 hora (72A). Também se mostra, para comparação, o padrão de difração de raios X da Forma I do Deferasirox (72C), designado "DFX-API".
Figura-73		Perfil de Calorimetria Exploratória Diferencial (DSC) da Forma IV cristalina de Deferasirox (solvato mono-THF), antes (73B; peso 2,9030mg) e após secagem a 120°C durante 1 hora (73C; peso 3,0980mg). Também é mostrado para comparação o perfil de Calorimetria Exploratória Diferencial da Forma I do Deferasirox (73A; peso 4,3050mg), designado "DFX-API".

Figura-74	:	Padrão de difração de raios X da forma cristalina V do Deferasirox (solvato hemi-DMSO).
Figura-75	:	Perfil de Calorimetria Exploratória Diferencial (DSC) da forma cristalina V do Deferasirox (solvato hemi-DMSO).
Figura-76	:	Perfil da análise termogravimétrica (TGA) da forma cristalina V do Deferasirox (solvato hemi-DMSO).
Figura-77	:	Perfil de Ressonância Magnética Nuclear (RMN) da forma cristalina V do Deferasirox (solvato hemi-DMSO).

Figura-78		Padrão de difração de raios X da Forma V cristalina do Deferasirox (solvato hemi-DMSO), antes (78B) e após secagem a 120°C durante 1 hora (78A). Também se mostra, para comparação, o padrão de difração de raios X da Forma I do Deferasirox (78C), designada "DFX-API".
Figura-79		Perfil de Calorimetria Exploratória Diferencial (DSC) da Forma V cristalina de Deferasirox (solvato hemi-DMSO), antes (79B; peso 3,9140mg) e após secagem a 120°C durante 1 hora (79A; peso 4,6780mg). Também é apresentado para comparação o perfil de Calorimetria Exploratória Diferencial da Forma I do Deferasirox (79C; peso 4,3050mg), designado "DFX-API".
Figura-80	:	Padrão de difração de raios X da forma cristalina VI do Deferasirox (solvato mono-DMF).
Figura-81	:	Perfil de Calorimetria Exploratória Diferencial (DSC) da forma cristalina VI do Deferasirox (solvato mono-DMF).
Figura-82	:	Perfil da análise termogravimétrica (TGA) da forma cristalina VI do Deferasirox (solvato mono-DMF).
Figura-83	:	Perfil de Ressonância Magnética Nuclear (RMN) da forma cristalina VI do Deferasirox (solvato mono-DMF).

Figura-84	:	Padrão de difração de raios X da Forma VI cristalina de Deferasirox (solvato mono-DMF), antes (84B) e após secagem a 120°C durante 1 hora (84 A). Também se mostra, para comparação, o padrão de difração de raios X da Forma I do Deferasirox (84C), designado "DFX-API".
Figura-85	:	Perfil de Calorimetria Exploratória Diferencial (DSC) da Forma VI cristalina de Deferasirox (solvato mono-DMF), antes (85B; peso 2,5670mg) e após secagem a 120°C durante 1 hora (85A; peso 2,2030mg). Também é apresentado para comparação o perfil de Calorimetria Exploratória Diferencial da Forma I do Deferasirox (85C; peso 4,3050mg), designado "DFX-API".
Figura-86	:	Padrão de difração de raios X do Deferasirox amorfo.
Figura-87	:	Perfil de Calorimetria Exploratória Diferencial (DSC) do Deferasirox amorfo.
Figura-88	:	Perfil de análise termogravimétrica (TGA) do Deferasirox amorfo.

Figura-89	Padrão de difração de raios X do Deferasirox amorfo, antes (89B) e após secagem a 160°C durante 5 minutos (89A). Também é mostrado para comparação o padrão de difração de raios X do Deferasirox Forma I (89C), designado como "DFX-API".
Figura-90	Perfil de Calorimetria Exploratória Diferencial (DSC) do Deferasirox amorfo, antes (90B; peso 1,8250mg) e após secagem a 160°C durante 5 minutos (90C; peso 2,9020mg). Também é apresentado para comparação o perfil de Calorimetria Exploratória Diferencial do Deferasirox Forma I (90A; peso 4,3050mg), designado "DFX- API".

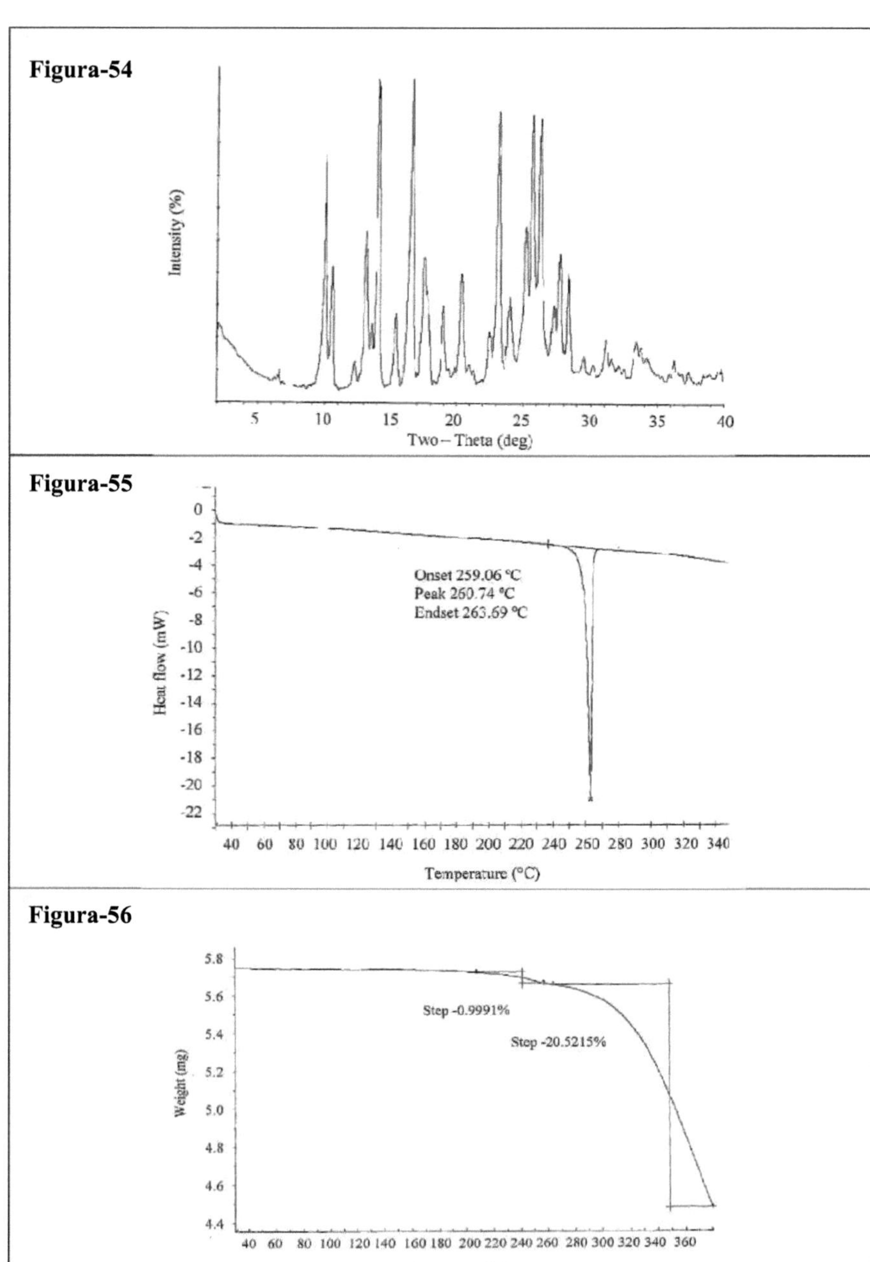

Figura-54
Intensity (%)
Two – Theta (deg)
5 10 15 20 25 30 35 40
Figura-55
Heat flow (mW)
Onset 259.06 °C
Peak 260.74 °C
Endset 263.69 °C
0 -2 -4 -6 -8 -10 -12 -14 -16 -18 -20 -22
40 60 80 100 120 140 160 180 200 220 240 260 280 300 320 340
Temperature (°C)
Figura-56
Weight (mg)
Step -0.9991%
Step -20.5215%
5.8 5.6 5.4 5.2 5.0 4.8 4.6 4.4
40 60 80 100 120 140 160 180 200 220 240 260 280 300 320 340 360
Temperature (°C)

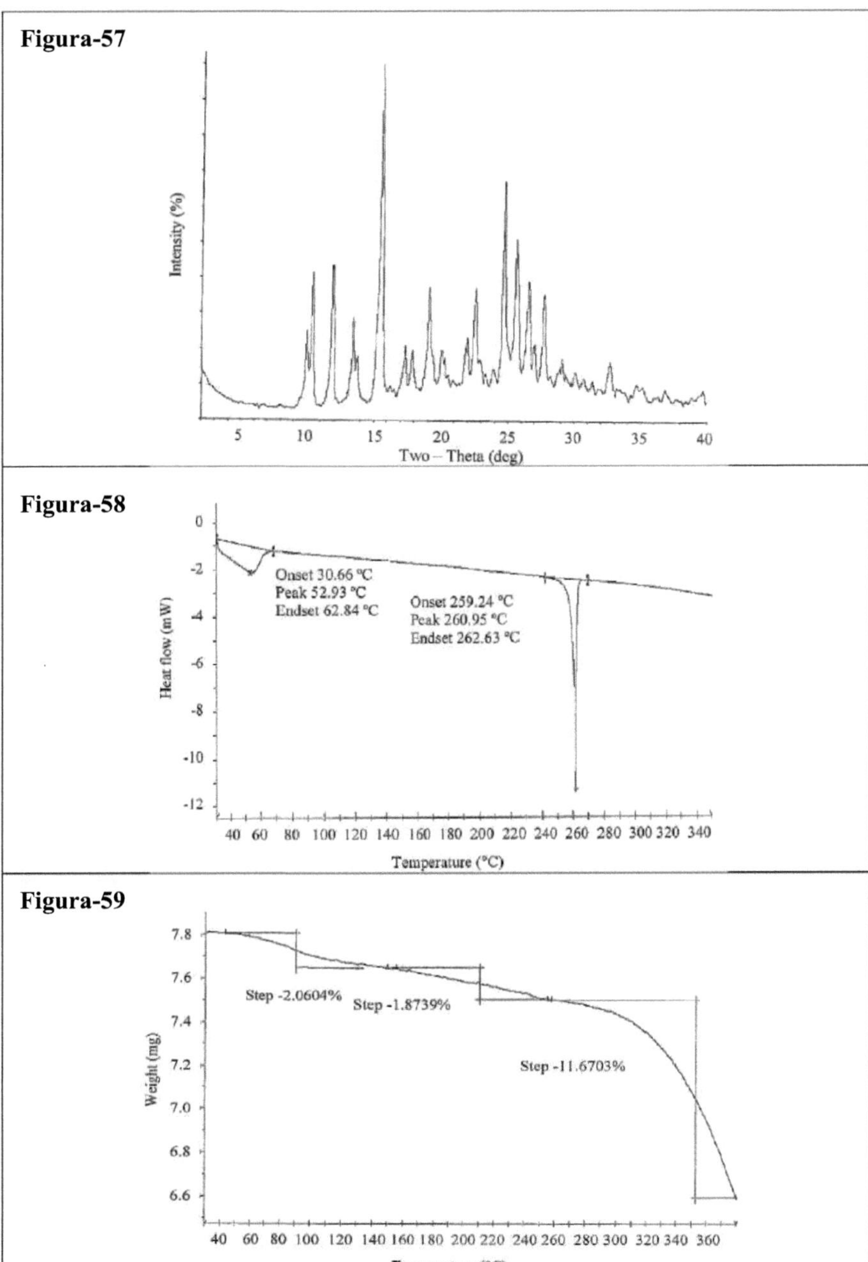

Figura-57

Figura-58

Figura-59

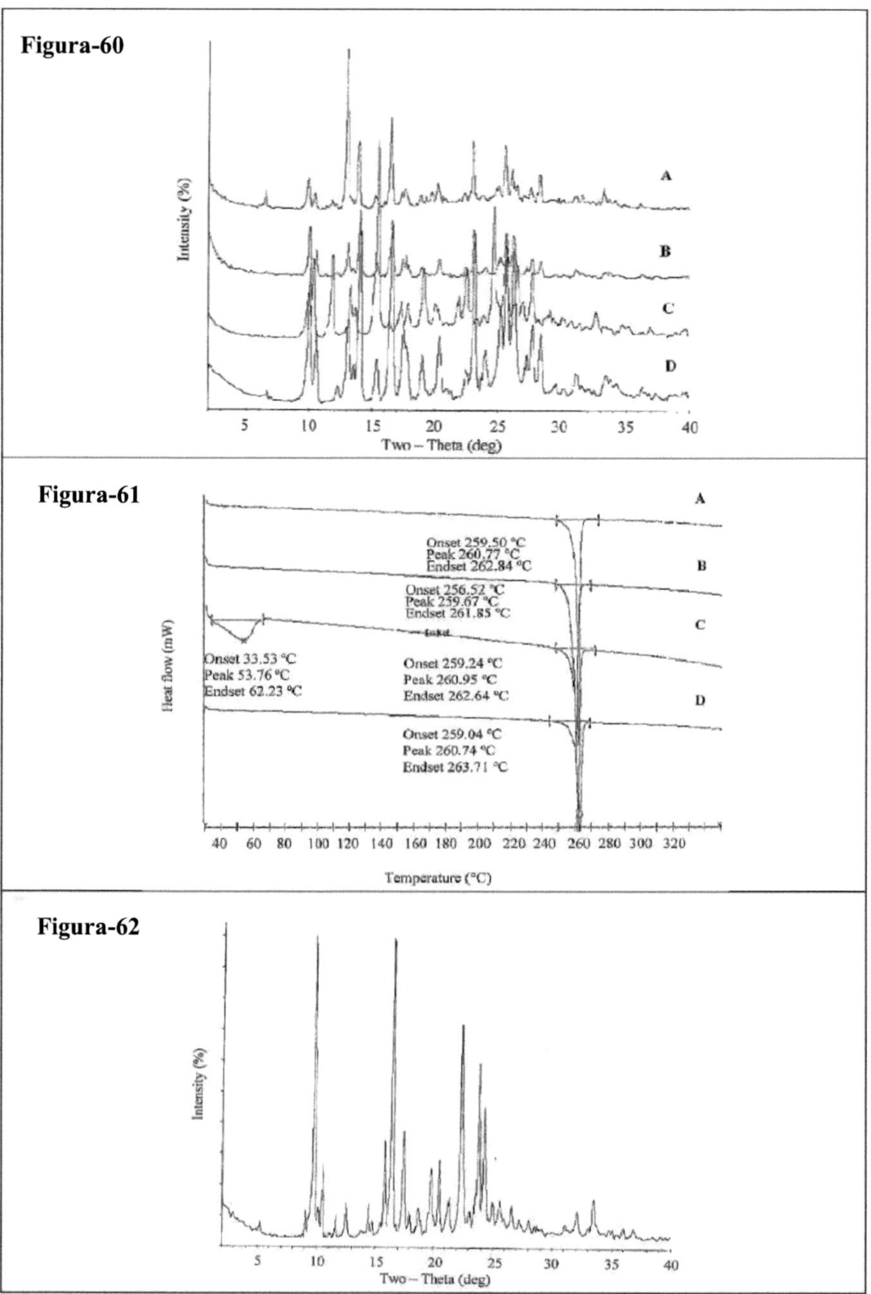

Figura-60

Figura-61

Figura-62

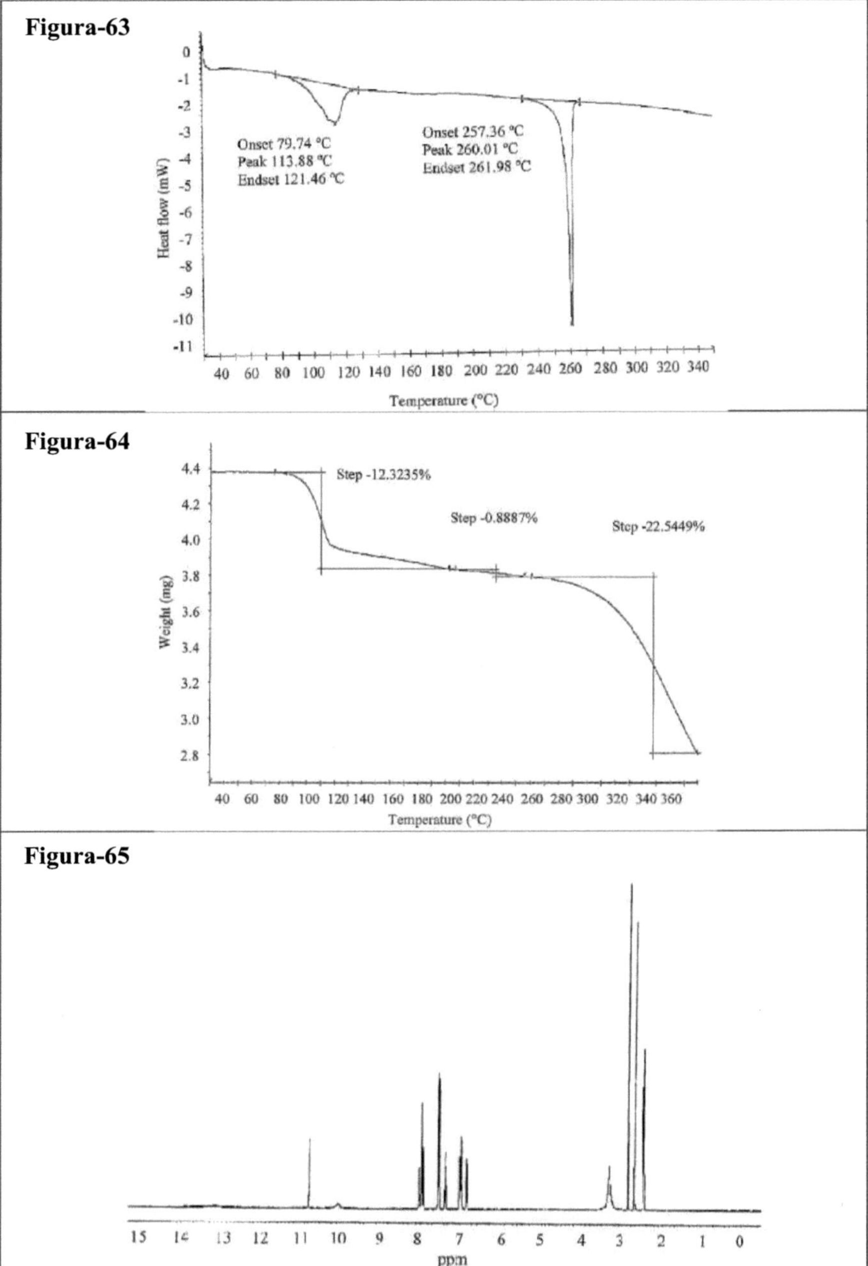

Figura-63

Figura-64

Figura-65

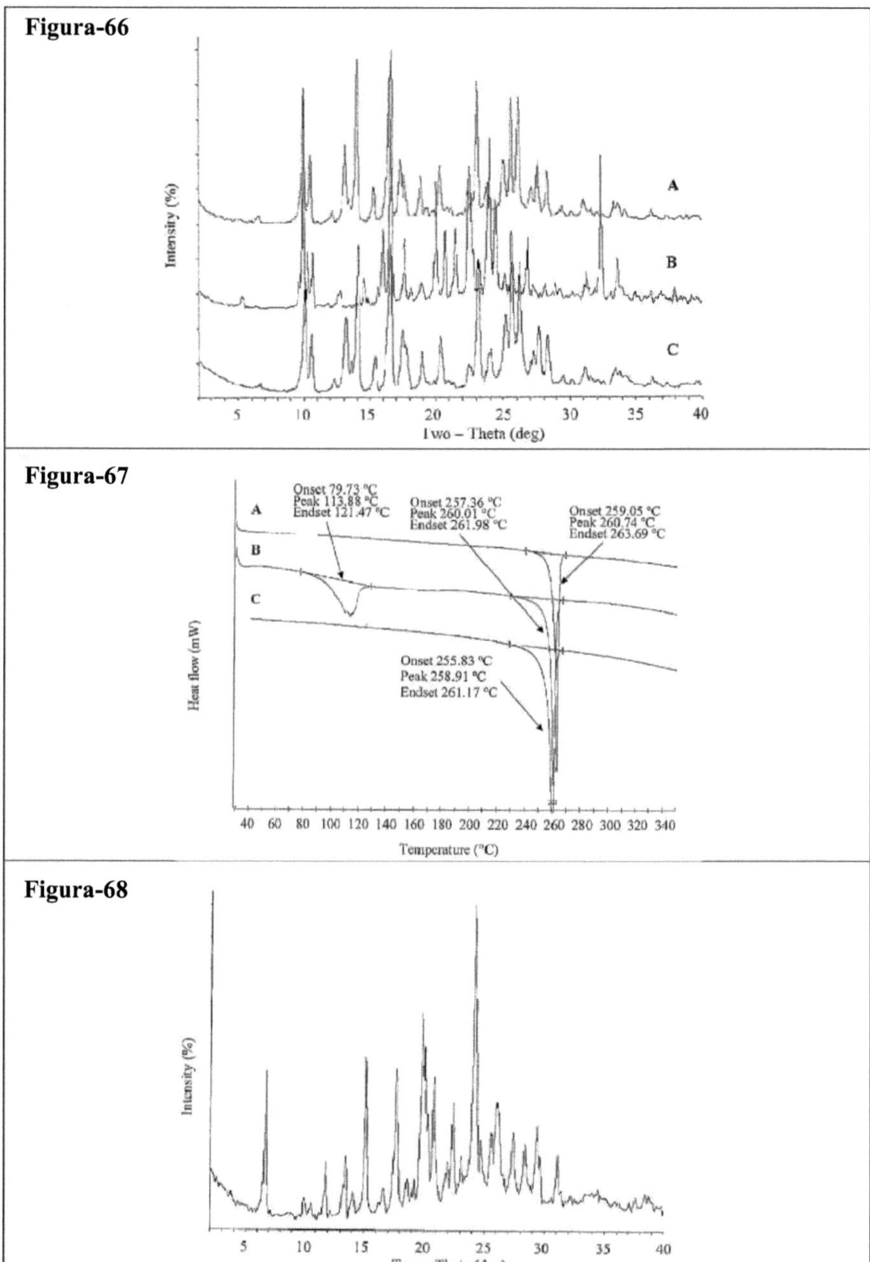

Figura-66

Figura-67

Figura-68

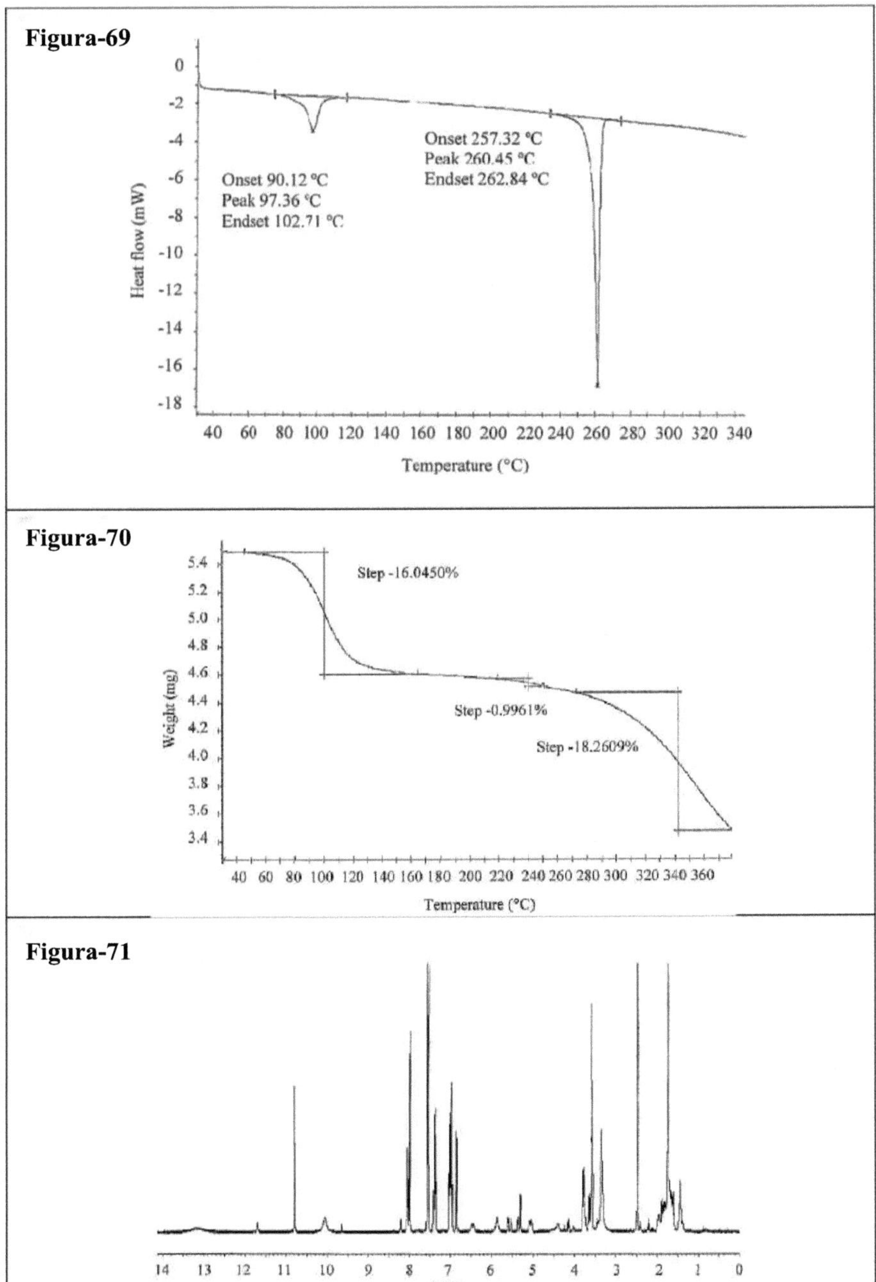

Figura-69

Figura-70

Figura-71

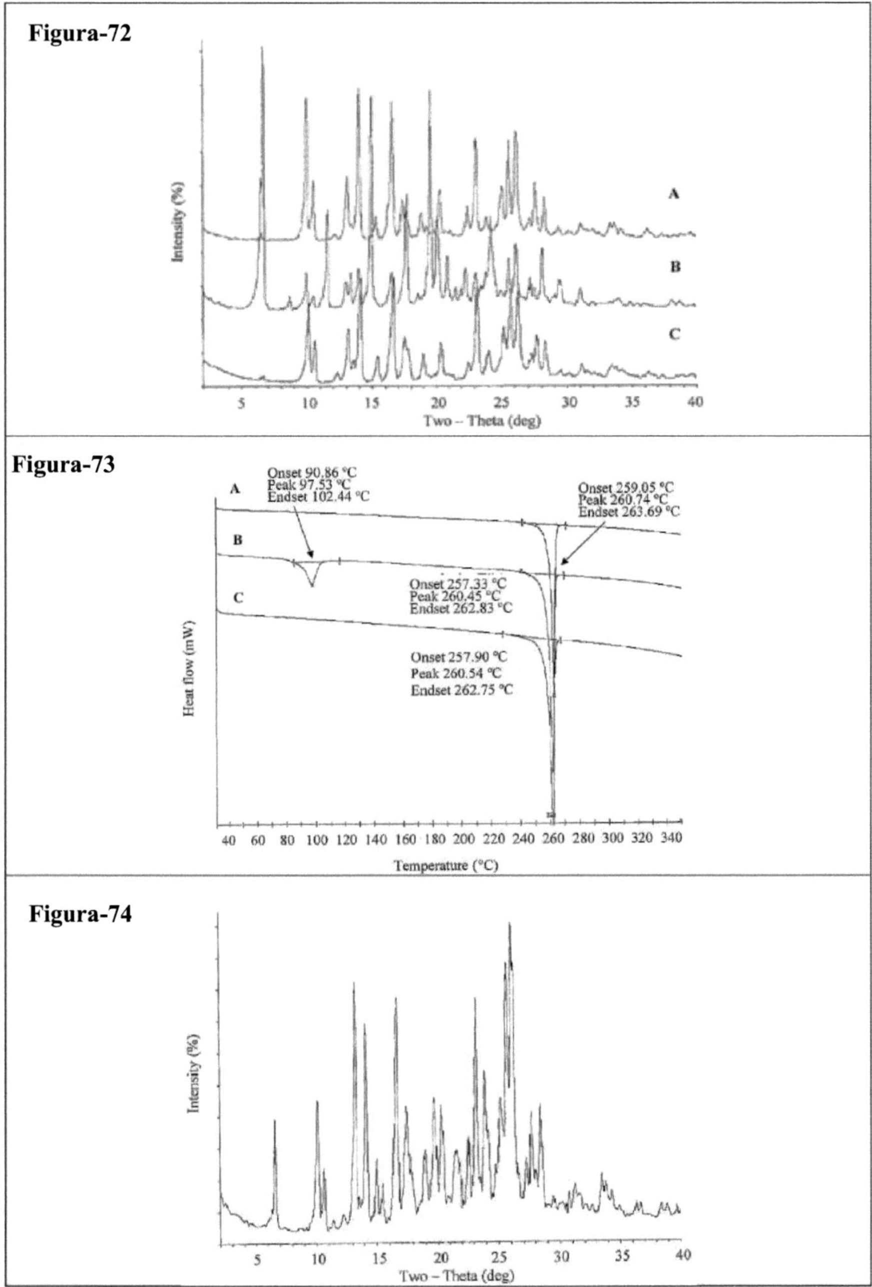

Figura-72

Figura-73

Figura-74

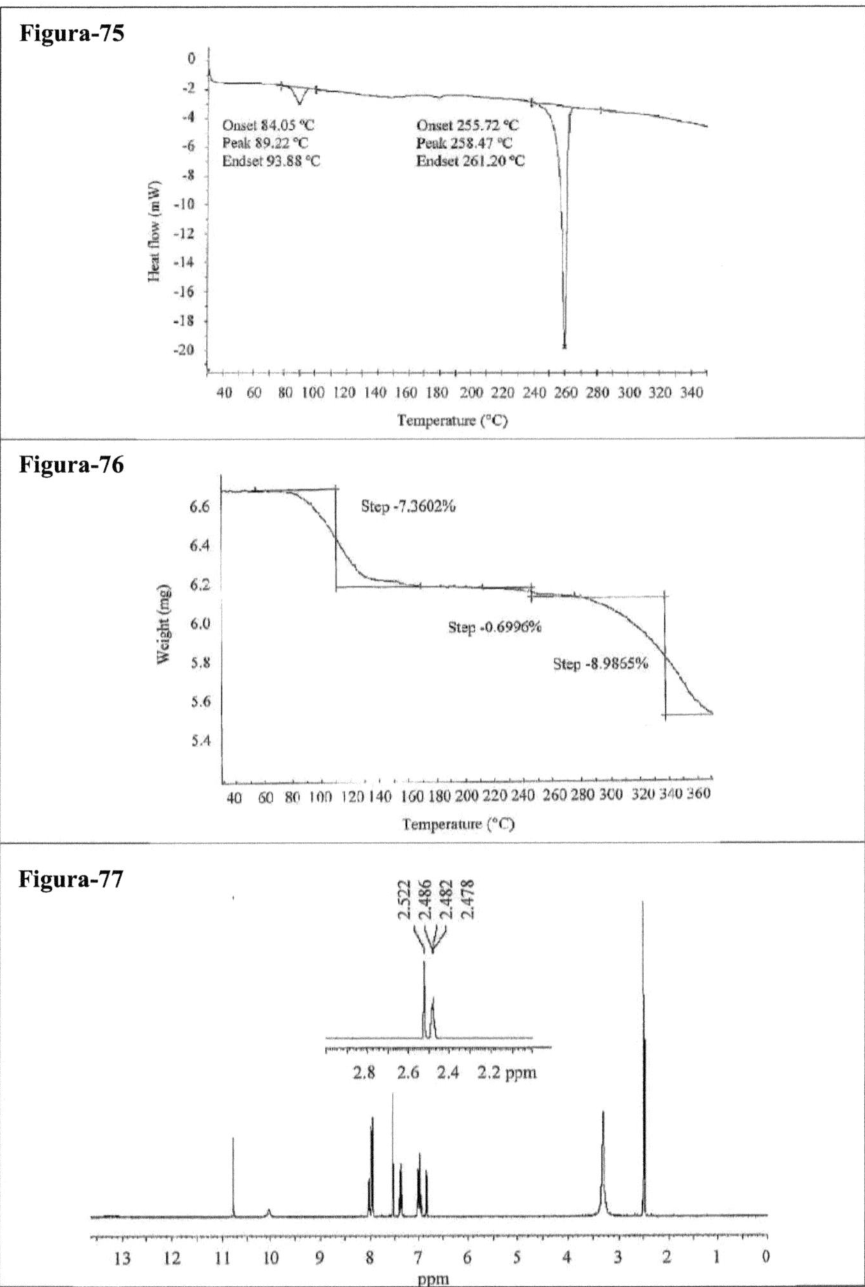

Figura-75

Figura-76

Figura-77

Figura-78

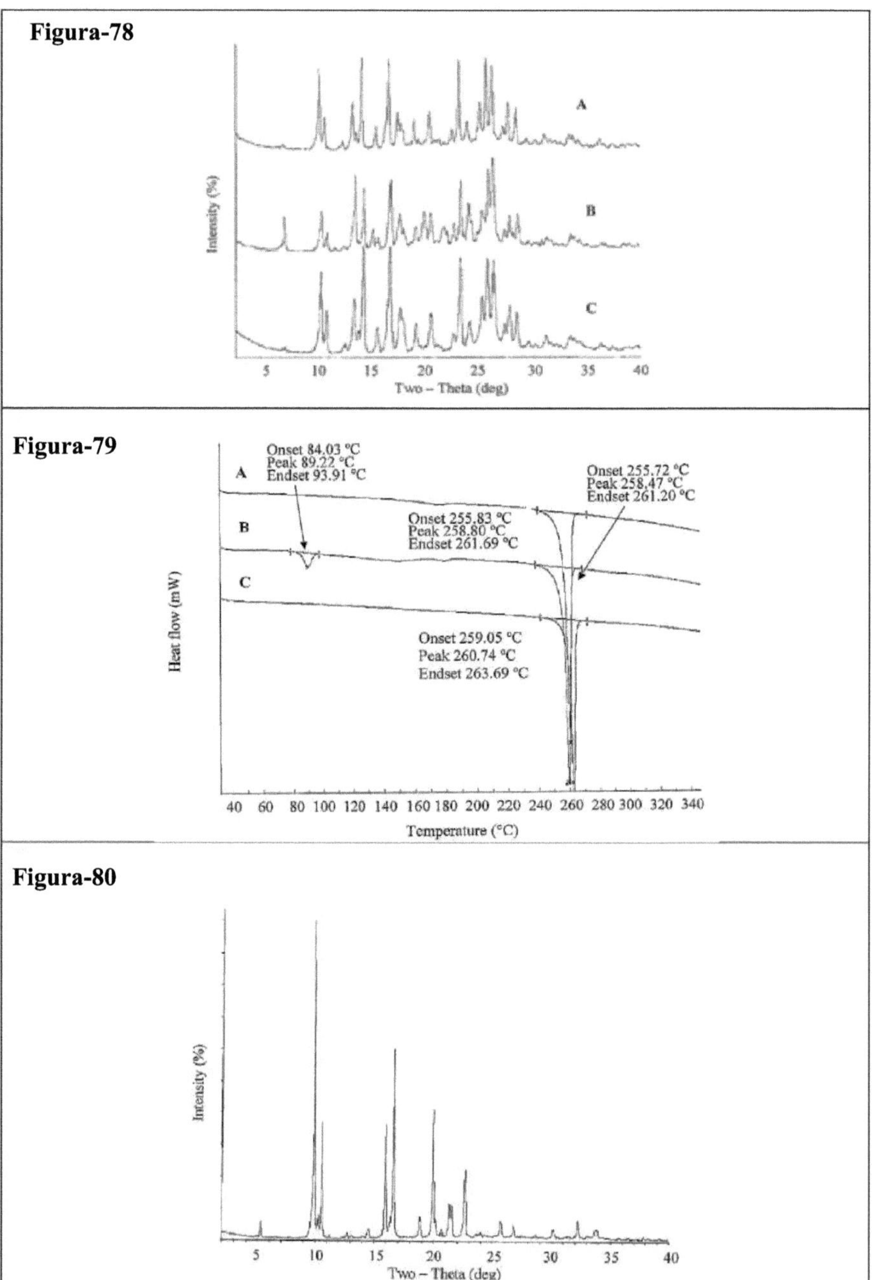

Figura-79

Figura-80

68

Figura-81

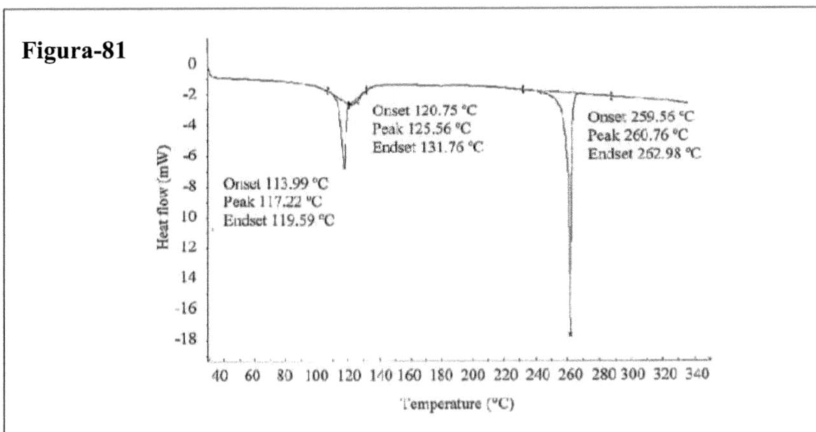

Figura-82

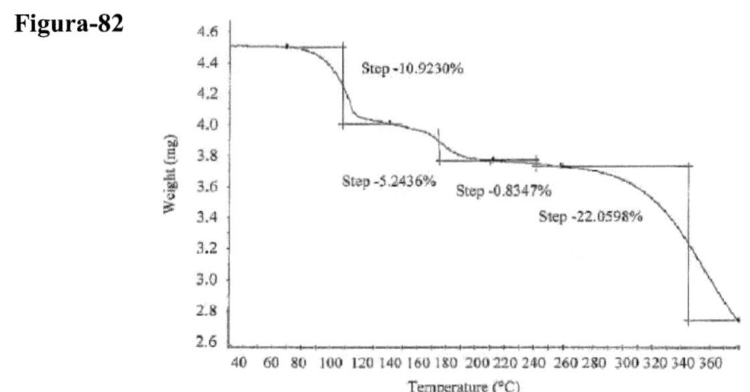

Figura-83

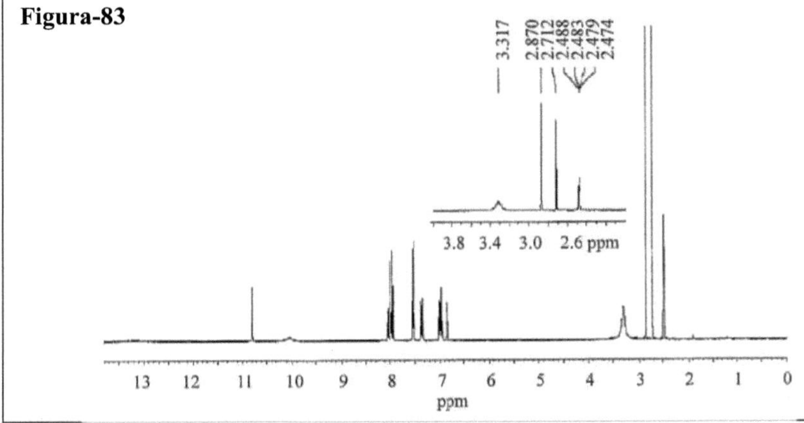

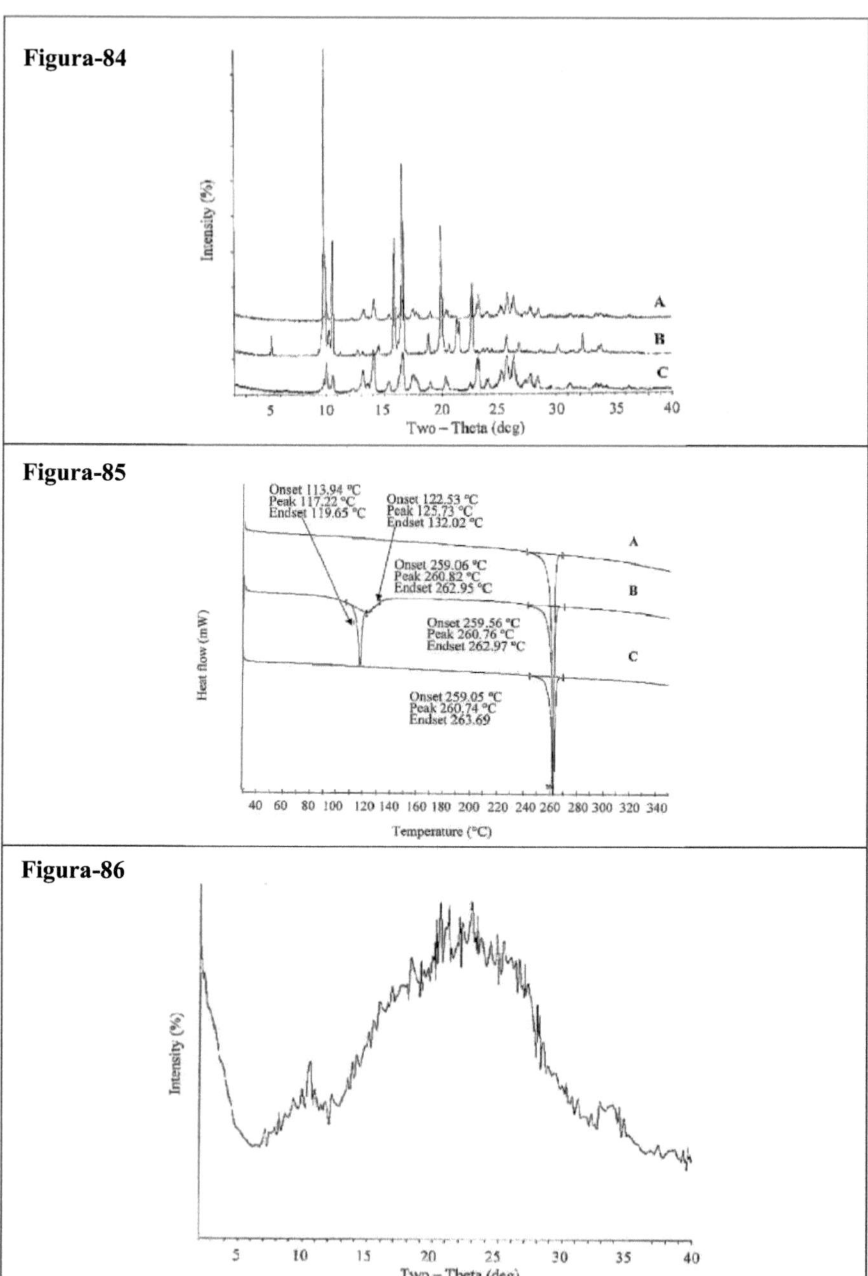

Figura-84

Figura-85

Figura-86

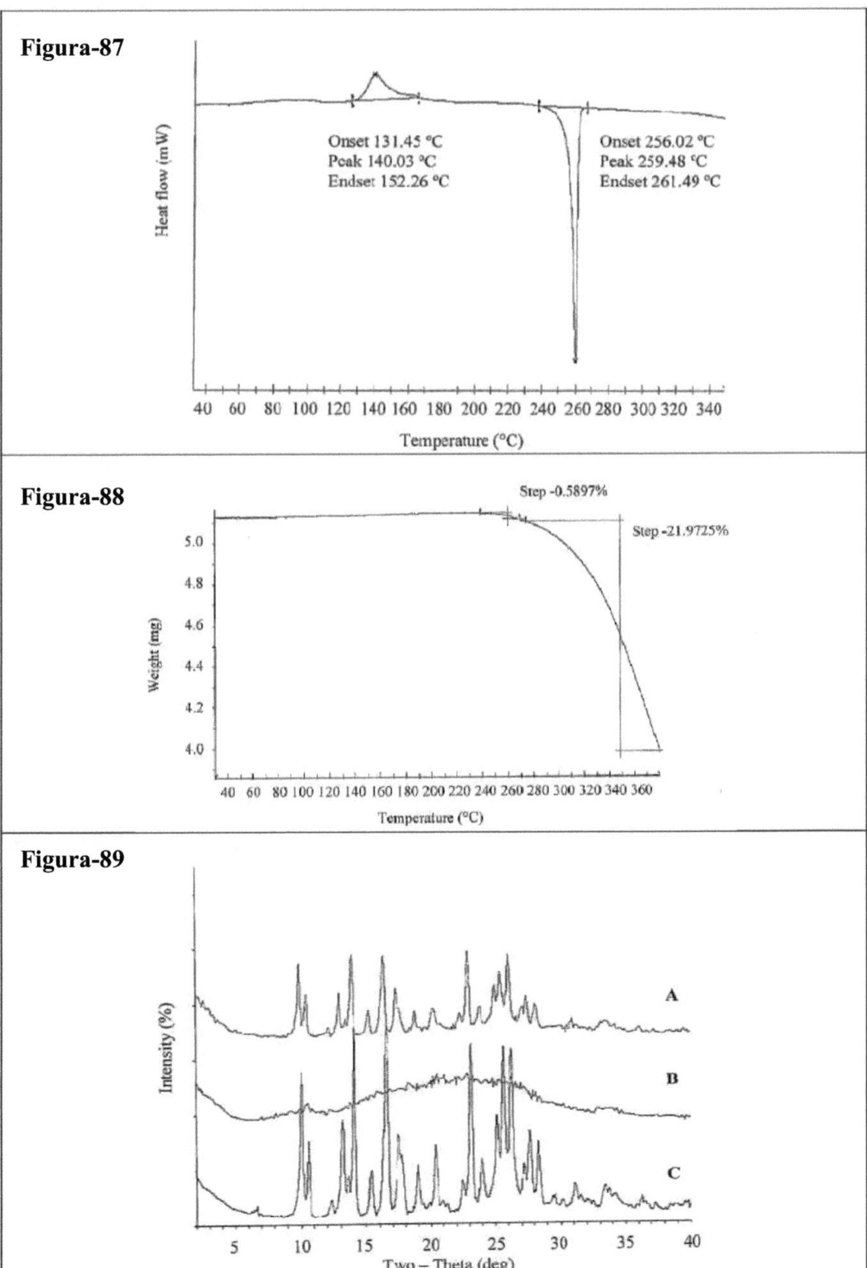

Figura-87
Heat flow (mW)
Onset 131.45 °C
Peak 140.03 °C
Endset 152.26 °C
Onset 256.02 °C
Peak 259.48 °C
Endset 261.49 °C
40 60 80 100 120 140 160 180 200 220 240 260 280 300 320 340
Temperature (°C)

Figura-88
Step -0.5897%
Step -21.9725%
5.0
4.8
4.6
4.4
4.2
4.0
Weight (mg)
40 60 80 100 120 140 160 180 200 220 240 260 280 300 320 340 360
Temperature (°C)

Figura-89
Intensity (%)
A
B
C
5 10 15 20 25 30 35 40
Two – Theta (deg)

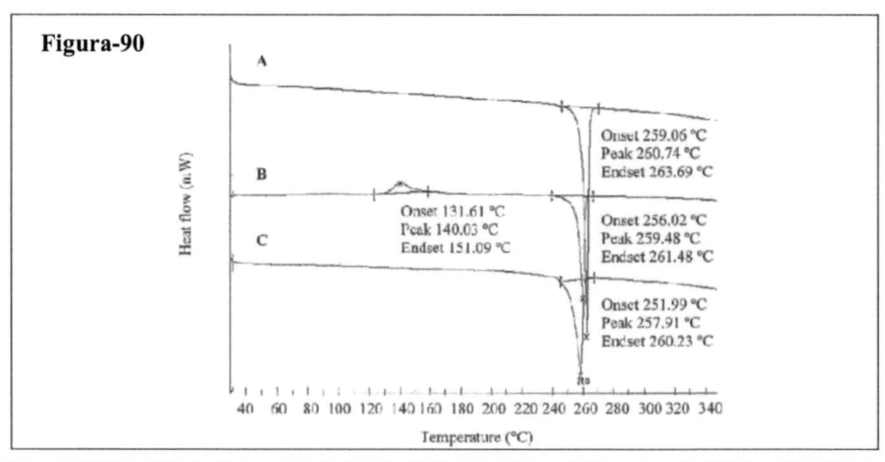

Figura-90

6_ IN1924/CHE/2008 (a seguir designada por IN'1924)

Título	Novas formas cristalinas de Deferasirox e processo para a sua preparação.
Requerente	Matrix Laboratories Limited (IN)
Data de apresentação	8-Aug-2008

Dados prioritários	:	N.º de prioridade	Data de prioridade
		- - -	- - -

Estatuto jurídico	:	O pedido de patente foi abandonado pelo IPO
Equivalentes	:	- - -
Observações	:	- - -

O pedido de patente IN'1924 foi atribuído a matrix laboratories limited (IN) e a sua situação atual é de abandono do IPO. A invenção IN'1924 diz respeito a novas formas polimórficas de Deferasirox, como as formas C, D, E e F. A invenção diz ainda respeito ao processo de preparação das formas polimórficas A, C, D, E, F e amorfa do Deferasirox.

Uma forma cristalina de Deferasirox C, que é um solvente mono dimetilformamida (DMF) de Deferasirox contendo 13-18% de dimetilformamida. Deferasirox cristalino, forma C, caracterizado por um padrão de difração de raios X em pó com picos característicos expressos em graus 20 a 9,88, 10,23, 10,57, 11,70, 12,57, 14,52, 15,92, 9,88,16,58, 17,57, 18,06, 19,92, 20,60, 21,48, 22,44, 23,90, 24,38, 25,07, 25,62, 26,64, 32,18 e 33,53 ±0,2 0 valores. O processo de preparação do Deferasirox cristalino, forma C, compreende as etapas de;

- (a) Reação da 2-(2-hidroxifenil)benz[e][1,3]-oxazin-4-ona e do ácido 4-hidrazino-benzoico em N,N-dimetilformamida, sob refluxo,
- (b) arrefecimento da massa de reação e
- (c) isolar a forma-C do Deferasirox.

Uma forma cristalina de Deferasirox D, que é um solvente mono-tetrahidrofurano (THF) de Deferasirox contendo 13-18% de THF. Deferasirox cristalino, Forma D, caracterizado por um padrão de difração de raios X em pó com picos característicos expressos em graus 20 a 6,56, 6,79, 8,83, 11,75, 13,58, 15,18, 16,71, 17,90, 18,65, 19,32, 19,75, 20,16, 21,02, 22,09, 22,42, 23,65, 24,36, 25,73, 26,27, 27,34, 28,36, 29,62 e 31,23 ±0,2 0 valores.

O processo de preparação do Deferasirox cristalino, forma D, compreende as etapas de;

- (a) Reação da 2-(2-hidroxifenil)benz[e][1,3]oxazina-4-ona e do ácido 4-hidrazino-benzoico em N,N-dimetilformamida, sob refluxo,
- (b) arrefecimento da massa de reação e
- (c) isolar a forma cristalina D.

A forma cristalina de Deferasirox E, que é um solvato de monopiridina contendo 1621% de piridina. A forma cristalina de Deferasirox E é caracterizada por picos de PXRD com valores de 8,37, 9,10, 12,54, 14,90, 16,15, 16,71, 18,19, 19,65, 20,46, 21,78, 22,43, 223,05, 24,65, 25,01, 25,96, 29,19 e 29,83 ±0,2 0.

O processo para a preparação de Deferasirox cristalino Forma E compreende as etapas de;

- a) Reação da 2-(2-hidroxifenil)benz[e][1,3]oxazina-4-ona e do ácido 4-hidrazino-benzoico em piridina, sob refluxo,
- b) arrefecimento da massa de reação e

c) isolar a forma cristalina E.

A forma cristalina do Deferasirox F, que é um solvente mono-hidratado contendo 3-8% de piridina. A forma cristalina do Deferasirox F é caracterizada por picos de PXRD com valores de 10,06, 10,49, 11,97, 13,47, 13,81, 15,32, 15,63, 17,44, 18,02, 19,22, 20,12, 20,34, 22,07, 22,69, 24,80, 25,14, 25,79, 26,67 e 27,84 ±0,2 0.

O processo de preparação do Deferasirox cristalino, forma F, compreende as etapas de;

a) suspensão de Deferasirox amorfo em água,

b) agitação da etapa-a) resultante e

c) isolar a forma cristalina F.

O processo para a preparação de Deferasirox cristalino, forma A, compreende as etapas de;

a) suspensão de Deferasirox cristalino em solvente,

b) remover o solvente e

c) isolar a forma cristalina A.

O processo para a preparação de Deferasirox amorfo compreende as etapas de;

a) aquecimento do Deferasirox cristalino a cerca de 250-275° C,

b) arrefecimento e

c) isolar o Deferasirox amorfo.

Breve descrição das figuras:

Figura-91	:	Padrão de XRD em pó do Deferasirox Forma A
Figura-92	:	DSC do Deferasirox cristalino Forma A
Figura-93	:	TGA do Deferasirox cristalino Forma A
Figura-94	:	Padrão de XRD do Deferasirox em pó, forma C
Figura-95	:	DSC do Deferasirox cristalino, forma C

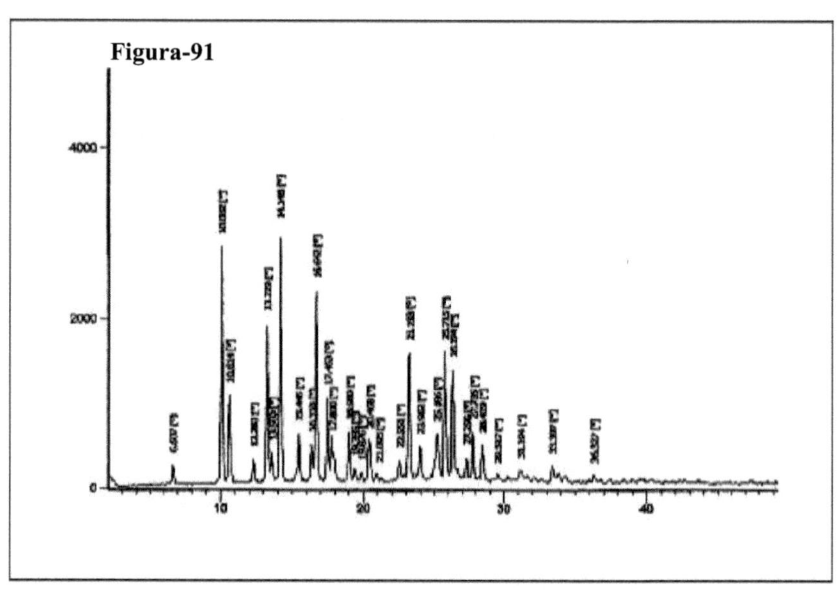

Figura-91

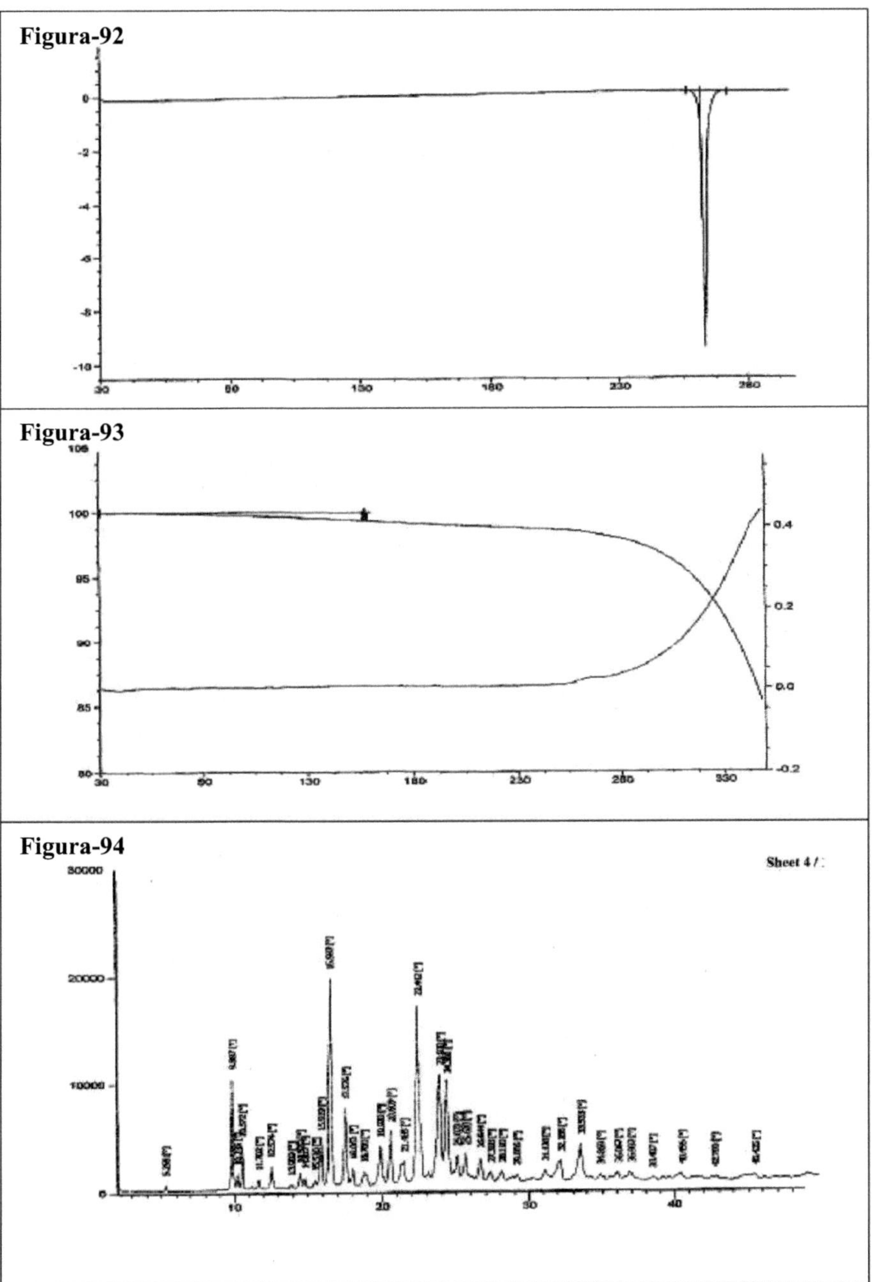

Figura-92

Figura-93

Figura-94

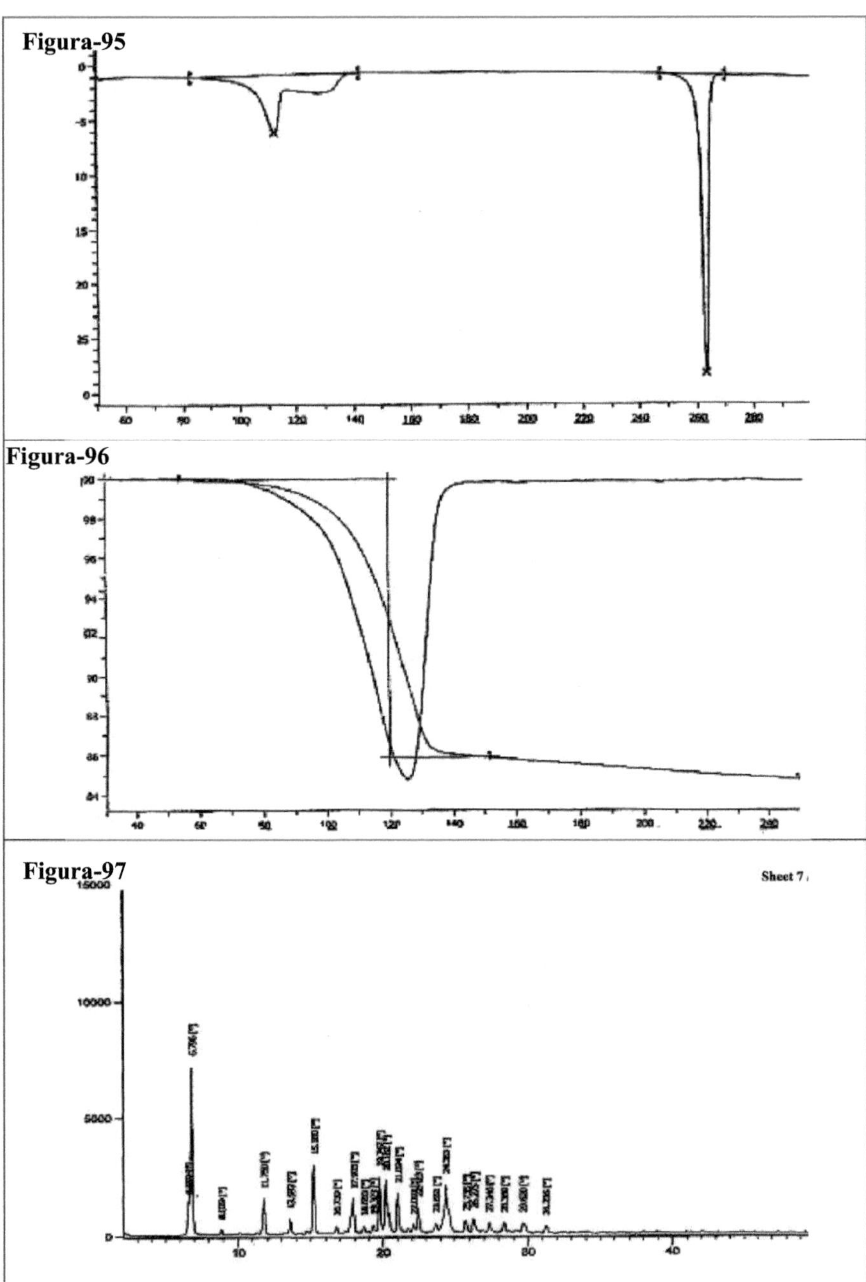

Figura-95

Figura-96

Figura-97

Figura-98

Figura-99

Figura-100

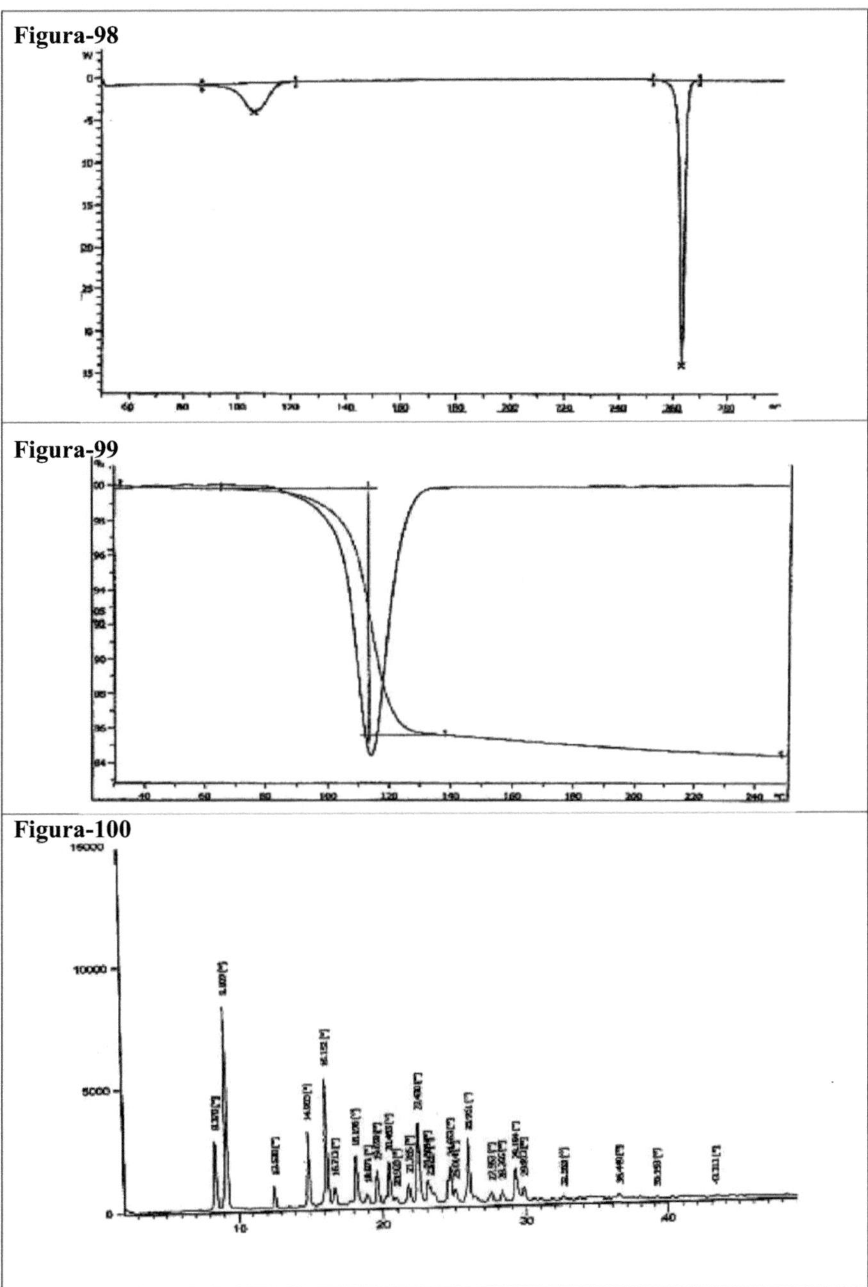

Figura-101

Figura-102

Figura-103

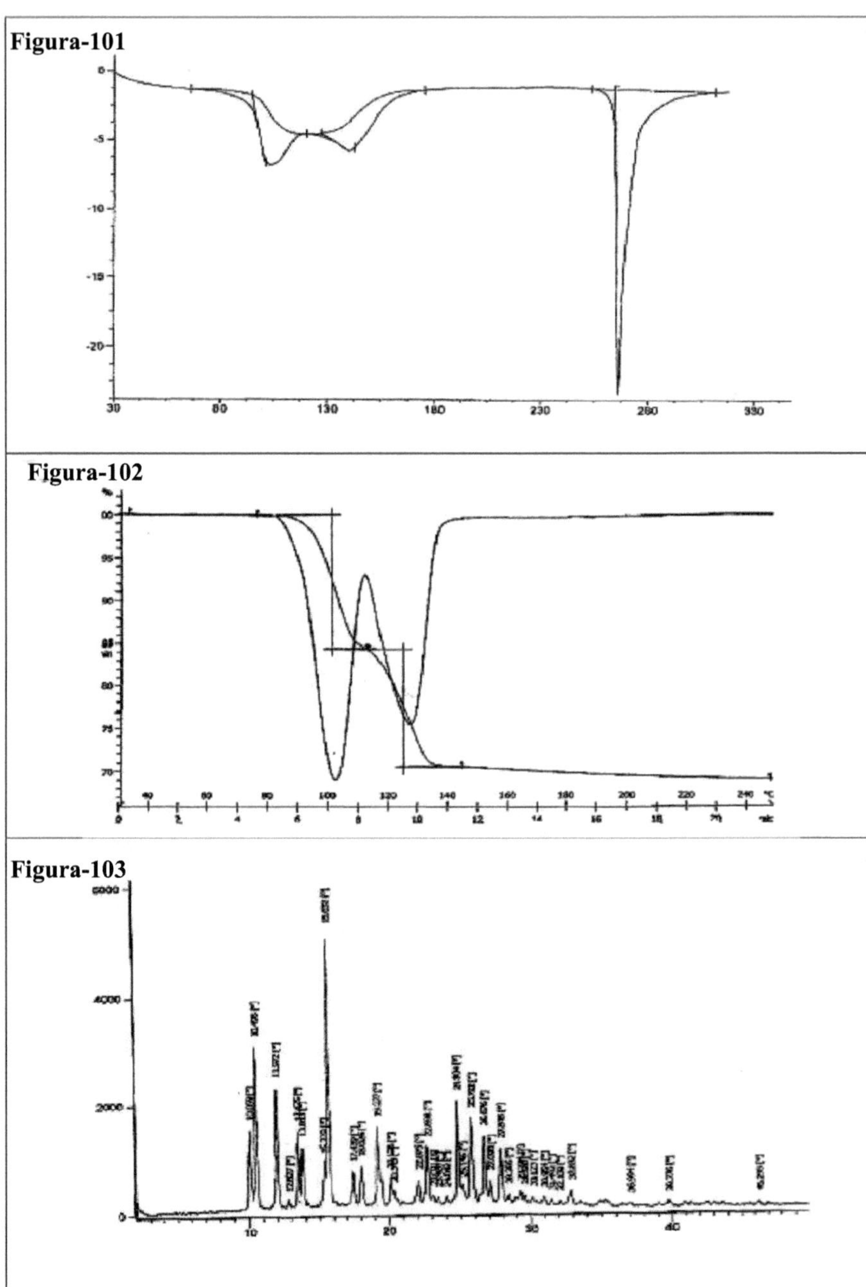

Figura-104

Figura-105

Figura-106

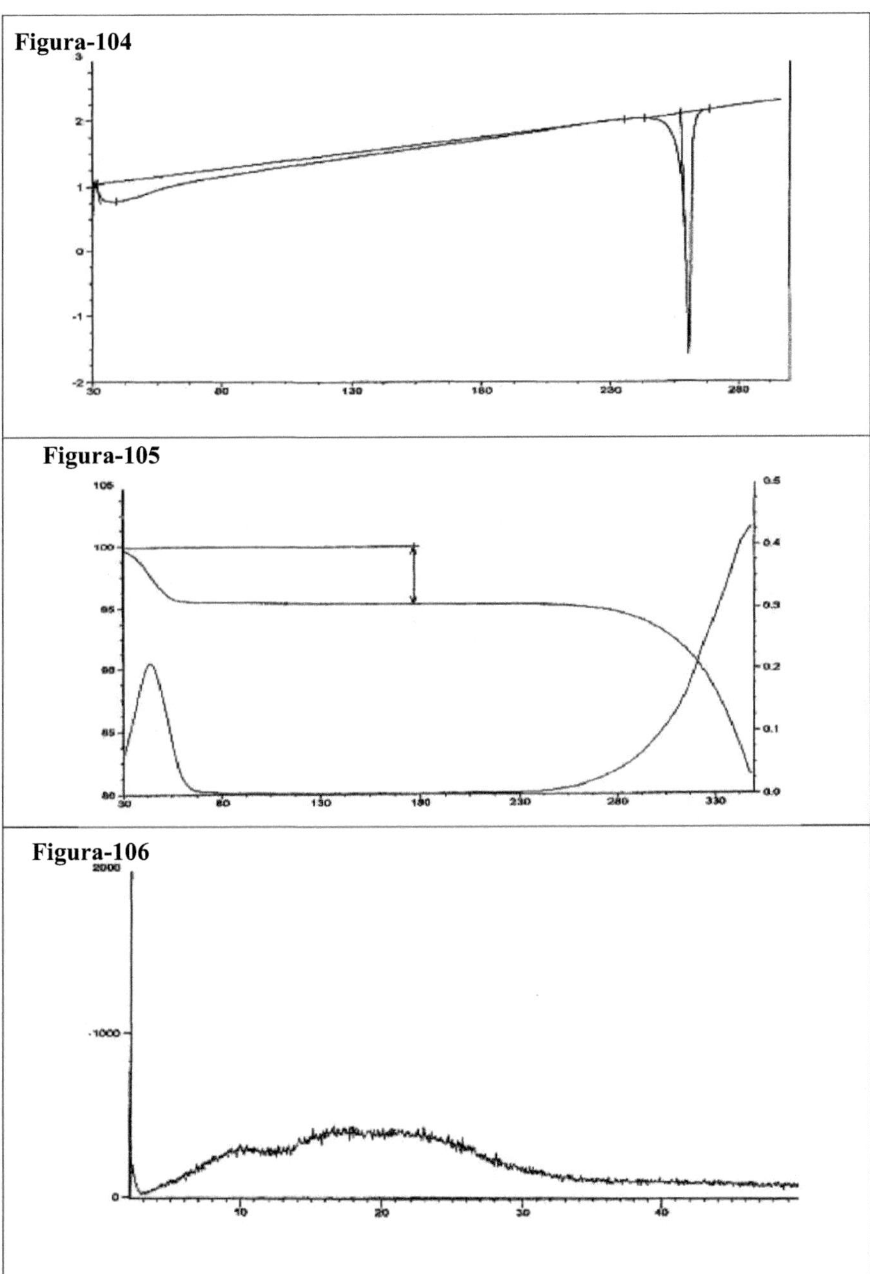

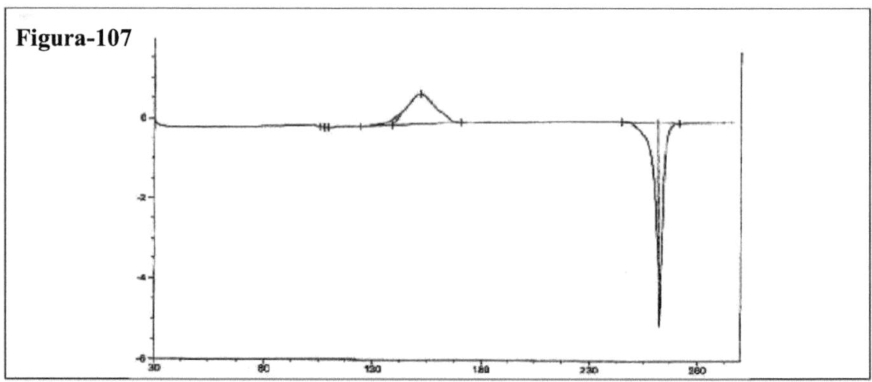

O polimorfo do Deferasirox e a formação do complexo são também divulgados nos dois artigos de jornal abaixo mencionados:

1. Publicação número IPCOMOOO 146862D[11] descreve uma forma cristalina de DFX, designada forma I, caracterizada por difração de raios X em pó com picos a cerca de 13,2, 14,1 e 16,6 ± 0,2 graus 2[Theta]. A forma I pode ainda ser caracterizada por difração de raios X em pó com picos a cerca de 6,6, 10,0, 10,6, 20,3, 23,1, 25,7 e 26,2 ± 0,2 graus 2[Theta], e por um padrão de difração de raios X em pó representado na figura 14.

2. O DFX cristalino é também divulgado em Formação de complexos de ICL670 e ligandos relacionados com Fe''' e Fe''.[7]

Conclusão

Neste livro, o autor relatou os detalhes da forma polimórfica disponível para o Deferasirox. O autor estudou a(s) patente(s)/aplicação(ões) registada(s) sobre este assunto até à data. A literatura discutida será útil a vários investigadores para o desenvolvimento de um polimorfo economicamente viável do Deferasirox. Com base neste conceito, estão atualmente a ser desenvolvidas formas polimórficas novas e melhoradas do Deferasirox. Uma visão geral do polimorfo do Deferasirox e das suas preparações permite que a investigação explore ainda mais as novas vias na área do polimorfismo.

Referências

. Choudhry VP, Naithani R (2007) Situação atual da sobrecarga de ferro e quelação com deferasirox. Indian J Pediatr. 74 (8): 759-64.

Yang LP, Keam SJ, Keating GM (2007) Deferasirox: uma revisão da sua utilização no tratamento da sobrecarga crónica de ferro transfusional. Drugs. 67 (15): 2211-30.

A FDA aprova o primeiro medicamento oral para a sobrecarga crónica de ferro. Administração de Alimentos e Medicamentos dos Estados Unidos. 9 de novembro de 2005.

Exjade - deferasirox, do sítio Web da EMA

Fechar os olhos à toxicidade do deferasirox? 2013 The Lancet, 381(9873): 1183-1184.

Walia HS (2013) Retinopatia reversível associada à terapia oral com deferasirox. BMJ Case Rep. doi: 10.1136/bcr-2013-009205

Stefan Steinhauser; Uwe Heinz; Mark Bartholoma; Thomas Weyhermüller; Hanspeter Nick; Kaspar Hegetschweiler (2004) Complex Formation of ICL670 and Related Ligands with FeIII and FeII. Jornal Europeu de Química Inorgânica. (21): 4177-4192.

Remington: The Science and Practice of Pharmacy, Lippincott Williams & Wilkins, 21ª ed. (2005).

Srinivasulu A, Ashwini N. (2012) Polymorphism: Fundamentos e Aplicações Química de Materiais Supramoleculares. DOI: 10.1002/9780470661345.smc114.

. Phillips JC, Zunger A, Bloch AN (1985) Estabilidade estrutural de compostos cristalinos. Phys. Rev. Lett. 55: 260-266.

. IP.Com., IPCOMOOO 146862D

Printed by Books on Demand GmbH, Norderstedt / Germany